安徽省文化强省建设专项资金项目

安徽省「十二五」重点出版物出版规划项目

漫画版中国传统社会生活

庄华峰 主编

服饰风尚

多彩的皮肤

庄 唯 著

中国科学技术大学出版社

内 容 简 介

　　服饰是人类生活的要素,也是人类文明的标志之一。服饰及其文化的发展,不仅是一个时代变化的"晴雨表",更是衡量社会生活文明程度的重要标尺之一。具体而论,服饰除了满足人类物质生活的需要外,还代表着一定时期人类的精神生活。它是各族人民生活内容、社会制度、风俗习惯、审美观念和精神风貌的外在反映,具有"显"文化的特点,故有人认为,从一定意义上来说,服饰是人的第二层"皮肤"。

　　本书从服饰的构成与形制、服饰与礼仪、服饰与年节、服饰与禁忌、服饰与身份、服饰与文艺、传承与变迁、魅力与影响等方面入手,从不同的视角展现服饰在人类社会生活中的作用与意义,同时阐述其特定的文化传承脉络。

图书在版编目(CIP)数据

服饰风尚:多彩的皮肤/庄唯著.—合肥:中国科学技术大学出版社,2020.5

(漫画版中国传统社会生活/庄华峰主编)

安徽省文化强省建设专项资金项目

安徽省"十二五"重点出版物出版规划项目

ISBN 978-7-312-04371-0

Ⅰ.服… Ⅱ.庄… Ⅲ.服饰文化—中国—普及读物 Ⅳ.TS941.12-49

中国版本图书馆CIP数据核字(2017)第306374号

出版	中国科学技术大学出版社
	安徽省合肥市金寨路96号,230026
	http://press.ustc.edu.cn
	https://zgkxjsdxcbs.tmall.com
印刷	合肥市宏基印刷有限公司
发行	中国科学技术大学出版社
经销	全国新华书店
开本	880 mm × 1230 mm 1/32
印张	7.5
字数	168千
版次	2020年5月第1版
印次	2020年5月第1次印刷
定价	40.00元

总序

　　中国是世界文明古国之一,在漫长的历史岁月中,她曾经创造出举世闻名的政治、经济、文化、科技文明成果。这些物质文明与精神文明的优秀成果,既是中国古代各族人民在长期生产活动实践和社会生活活动中所形成的诸多智慧创造与技术应用的结晶;同时,这些成果的推广与普及,又作用于人们的日常生产与生活,使之更加丰富多彩,更具科技、文化、艺术的魅力。

　　中国古代社会生活,不仅内容宏富,绚丽多姿,而且源远流长,传承有序。作为一门学科,中国社会生活史是以中国历史流程中带有宽泛内约意义的社会生活运作事象作为研究内容的,它是历史学的一个重要分支,有助于人们更全面、更形象地认识历史原貌。关于生活史在历史学中的地位,英国著名历史学家哈罗德·铂金曾如是说:"灰姑娘变成了一位公主,即使政治史和经济史不允许她取得独立地位,她也算得上是历史研究中的皇后。"(蔡少卿《再现过去:社会史的理论视野》)

　　然而这位"皇后"在中国却历尽坎坷,步履维艰。她或为其他学科的绿荫所遮盖,或为时代风暴扬起的尘沙所掩蔽,使得中国社会生活史没有坚实的理论基础,也没有必要的历史资料,对其的整体性研究尤其薄弱,甚至今日提到"生活史"这个词,许多人仍不乏茫然之感。

　　社会生活史作为历史学的一个分支在中国兴起,虽只是20世纪20年代以来的事,但其萌芽却可追溯至古代。中国古代史学家治史,都十分注意搜集、整理有关社会生活方面的史料。如孔子辑集的《诗经》,采诗以观民风,凡邑聚分布迁移、氏族家族组织、衣食住行、劳动场景、男女恋情婚媾、风尚礼俗等,均有披露。《十三经》中的《礼记》《仪礼》,对古代社会的宗法制、庙制、丧葬制、婚媾、人际交往、穿着时尚、生儿育女、敬老养老、起居仪节等社会生活资料,做了繁缛纳范,可谓是一本贵族立身处世的生活手册。司马迁在《史记·货殖列传》中描述了全国20多个地区的风土人情:临淄地区,"其俗宽缓阔达,而足智。好议论,地重,难动摇,怯于众斗,勇于持刺,故多劫人者";长安地区,"四方辐辏并至而会,地小人众,故其民益玩巧而事末也"。他并非仅仅罗列现象,还力图作出自认为言之成理的说明。如他在解释代北民情为何"慓悍"时说,这里"迫近北夷,师旅亟往,中国委输时有奇羡。其民羯羠不均"。而齐地人民"地重,难动摇"的原因在于这里的自然环境和生产状况是"宜桑麻"耕种。这些出自古人有意无意拾掇下的社会生活史素材,对揭示丰富多彩的历史演进中的外在表象和内在规律,无疑具有积极意义,将其视作有关社会生活研究的有机部分,似也未尝不可。

　　社会生活史作为一门学科,则是伴随着20世纪初社会学的兴起而出现于西方的。开风气之先的是法国的"年鉴学派"。他们主张从人们的日常生活出发,追踪一个社会物质文明的发展过程,进而分析社会的经济生活和结构以及全部社会的精神状态。"年鉴学派"的代表人物雅克·勒维尔在《法国史》一书中指出:重要的社会制度的演变、改革以及革命等历史内容虽然重要,但是,"法国历史从此以后也是耕地形式和家庭结构的历史,食品的历史,梦想和爱情方式的历史"。史学家布罗代尔在其《15至18世纪的物质文明、经济和资本主义》一书中,将第一卷命名为"日常生活的结构",叙述了15至18世纪世界人口的分布和生长规律,各地居民的日常起居、食品结构以及服饰、技术的发展和货币状况,表明他对社会生活是高度关注的。而历史学家米什列在《法兰西史》一书的序言中则直接对以往历史学的缺陷进行了抨击:第一,在物质方面,它只看到人的出身和地位,看不到地理、气候、食物等因素对人的影响;第二,在精神方面,它只谈君主和政治行为,而忽视了观念、习俗以及民族灵魂的内在作用。"年鉴学派"主张把新的观念和方法引入历史研究领域,其理论不仅震撼了法国史学界,而且深刻影响了整个现代西方史学的发展。

在20世纪初"西学东渐"的大潮中,社会生活史研究与方法也被介绍到中国,并迅速蔚成风气,首先呼吁重视社会生活史研究的是梁启超。他在《中国史叙论》中激烈地抨击旧史"不过记述一二有权力者兴亡隆替之事,虽名为史,实不过是帝王家谱",指出:"匹夫匹妇"的"日用饮食之活动",对"一社会、一时代之共同心理、共同习惯"的形成,极具重要意义。为此,他在拟订中国史提纲时,专门列入了"衣食住等状况""货币使用、所有权之保护、救济政策之实施"以及"人口增殖迁转之状况"(梁启超《饮冰室合集·文集》)等社会生活内容,从而开启了中国社会生活史研究的新局面。

在20世纪二三十年代,我国史学界的诸多研究者都涉足了中国社会生活史研究领域,分别从社会学、民族学、民俗学、历史学、文化学的角度,对古代社会各阶层人们的物质、精神、

民俗、生产、科技、风尚生活的状况进行探究,并取得了丰硕的成果。但这一研究的真正全面展开,却是20世纪80年代以来的事情。在此时期,社会生活史研究这位"皇后"在经历了时代的风风雨雨之后,终于走出"冷宫",重见天日,成为史苑里的一株奇葩,成为近年来中国史学研究繁荣的显著标志。社会生活史研究的复兴,反映了史学思想的巨大变革:一方面,它体现了人的价值日益受到了重视,把"自上而下"看历史变为"自下而上"看历史,这是一种全新的历史观。另一方面,它表明人类文化,不仅是思想的精彩绝伦和文物制度的美好绝妙,而且深深地植根于社会生活之中。如果没有社会生活这片"沃土"的浸润,人类文化将失去生命力。

尽管近年来中国社会生活史的研究取得了长足的发展,但与政治史、制度史、经济史等研究领域相比,其研究还是相对薄弱的。个中原因可能是多方面的,但与人们的治史理念不无关系。

我们一直认为,史学研究应当坚持"三个面向",即面向大众、面向生活、面向社会。"面向大众"就是"眼睛向下看",去关注社会下层的人与事;"面向生活"就是走近社会大众的生活状态,包括生活习惯、社会心理、风俗民情、经济生活等等;"面向社会"则是强调治史者要有现实关怀,史学研究要为经济社会发展提供智力支持。而近年来我总感到,当下的史学研究有时有点像得了"自闭症",常常孤芳自赏,将自己封闭在学术的象牙塔里,抱着"精英阶层"的傲慢,进行着所谓"纯学理性"探究,责难非专业人士对知识的缺失。在这里,我并非否定进行学术性探究的必要性,毕竟探求历史的本真是史学研究的第一要务,而且探求历史的真相,就如同计算圆周率,永无穷期。但是,如果我们的史学研究不能够启迪当世、昭示未来,不能够通过对历史的讲述去构建一种对国家的认同,史学作品不能够成为启迪读者的向导,相反却自顾自地远离公众领域,远离社会大众,使历史成为纯粹精英的历史,成为干瘪的没血没肉的历史,成为冷冰冰的没有温情的历史,自然也就成了人们不愿接近的历史,这样的学术研究还会有生机吗?因此,我觉得我们的史学研究要转向(当然这方面已有许多学者做得很好了),治史者要有人文情怀,要着力打捞下层的历史,多写一些雅俗共赏、有亲和力的著作。总之一句话,我们的史学研究要"接地气",这样,我们的研究工作才有意义。

2017年1月,中共中央办公厅、国务院办公厅印发的《关于实施中华优秀传统文化传承发展工程的意见》指出:"文化是民族的血脉,是人民的精神家园。文化自信是更基本、更深层、更持久的力量。"中华民族优秀传统文化中独特的理念、智慧、气度、神韵,增添了中国人民和中华民族内心深处的自信和自豪。那么,我们坚持"文化自信"的底气在哪里?我想,博大精深的优秀传统文化以及在其基础上的继承和发展,夯实了我们进行文化建设的根基,奠定了我们文化自信的强大底气。正是基于这样的思考,我们编写了"漫画版中国传统社会生活"丛书。

我们编写这套丛书,就是想重拾远逝的文化记忆,呼唤人们对传统社会生活的关注。丛书内容分别涉及饮食、服饰、居住、节庆、礼俗、娱乐等方面。这些生活事象,看似细碎、平凡,却蕴含着丰富的文化和智慧,而且通过世代相传,已渗透到中国人的意识深处。

这是一套雅俗共赏的读物。作者在尊重历史事实,保证

科学性、学术性的前提下，用准确简洁、引人入胜的文字并与漫画相结合的艺术手法，把色彩缤纷的社会生活花絮与历史长河中波涛起伏的洪流结合在一起描述，让广大读者通过生动活泼的形式，了解先民生活的方方面面，进而加深对中华民族和中国人的了解。这种了解，是我们创造未来的资源和力量，也是我们坚持文化自信的根基。

庄华峰

2019年10月12日

于江城怡墨斋

目录

服饰风尚——多彩的皮肤

八 魅力与影响 207

参考文献 225

后记 227

 # 构成与形制

　　从衣不蔽体的旧石器时代文明到华服泻地的汉唐文明，从羽巾冠衫的逍遥世外的年代到个性独特的先锋年代，华夏子民们用无数个四季轮回创造了不朽的服饰文明。凝聚在这些绫罗绸缎中的，不仅仅是质料与制作，还包含了劳动人民辛勤的汗水和无尽的智慧。当人们不再用毛皮遮挡体肤以遮盖，不再嘶吼咆哮，文明已经降临，人们穿上华丽的冠衫以表明自己的权力与地位，这代表着物质与灵魂的交融，也是一场庄严的洗礼。

构　　成

　　服饰经过上万年的演变,已经形成了丰富多彩的样式。但无论服饰如何变化与发展,它都离不开款式、质料与色彩等范畴。这个范畴内的每一个要素都包含着不同层次的变化,反映着平民与贵族的不同、官服与民服的不同。如果要了解我国古代的服饰,我们需要认识构成服饰的基本要素。

服饰的款式

　　服饰的款式多指衣服的样式。每一种衣服都有自己固有的款式,尽管很多衣服没有染色,也没有绣织图案,但是我们仍然可以通过基本的款式判断出衣服所属的年代。可以说,款式是一件衣服抹不去的标签。在漫长的历史长河中,每一种款式的衣服都引领过时尚的潮流。我们可以从衣领、衣襟和衣袖三个方面了解古代服饰的千变万化。

　　古代服饰的款式多种多样,最吸引人的是衣领。衣领的种类非常丰富,常见的有交领、直领、方领、合领、圆领、立领等。人们在生活中看到最多的古装都是"y"字形领,这就是交领。大部分交领服装的衣襟都是向右掩,称为"右衽",一般死者或者人们在出丧时才穿着左衽的衣服,有"右生左死"的说法。《礼记·丧大记》记载,小敛(给死者沐浴穿衣)、大敛(把尸体放到棺材里)所使用的敛衣,衣襟都向左敞开。包扎敛衣和尸体的布带子,都要打成死扣而不是活扣。但是,对于右衽服饰的选择,在少数民族地区却是例外。少数民族多过着游牧生活,外出打猎经常会拉弓射箭,为了方便右臂拉弓,同时在右手做其他操作时方便左手从怀中取物,他们多选用左衽衣服。交领服装出现得很早,在河南安阳殷墟墓中出土的玉人立像已经穿着交领服装,两襟相交,头戴方帽,肃穆而立。

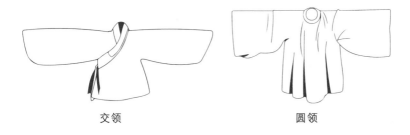

交领 圆领

直领衣与方领衣相似,与交领衣不同,其两襟垂直向下,并不相交。据《释名·释衣服》记载,汉代衣服领子的形状是长方形的,斜着放在衣服上进行缝合,衣领相交而穿。直领衣多流行于士庶百姓间,常与襦裙、裪了搭配穿着。襦裙就是短上衣加长裙的套装,而裪子是一种上衣,两腋下的衣角处分开不连。如果人们为行事方便,或适应某种场合的需要,将直领腰间偏上的部分拼合起来,就变成了合领。合领衣始于隋唐,盛行于宋明。圆领最初是西域少数民族使用的服装款式,常见于胡服之中,六朝以后由胡人从西域传入中原,随后盛行于隋唐,常用于官服,并对日本与朝鲜半岛产生了很大的影响。

立领因质料偏硬,环绕向上而得名,也称为竖领,领口成方形,常有金属领扣用以装饰,造型紧致高挑。立领衣最早出

现于明中期,多见于清,在女性服饰中广为流行。立领的影响一直延续至今,经过历朝历代的演变,已经成为今天某品牌男装中的新类型——"中华立领",不仅保持了民族特色,也引领了时代的潮流。

襦裙

顺着衣领向下,有两道衣边,这就称为衣襟,也就是现代服饰中用拉链或纽扣开合衣服的地方。衣襟的种类有很多种,常见的有对襟、大襟、直襟、绕襟、一字襟、八字襟等形式。对襟,顾名思义,就是两襟相对、互相对称,对襟与交领都是中国古代汉文化服饰中重要的款式。对襟的出现最早可以追溯到商朝,前述殷墟墓中出土的玉人像就已经穿着对襟领的服装了,经历了历朝历代的演变和发展,清代时其影响力逐渐减弱。襟领的衣服款式众多,有作为上衣的对襟衫裙和齐胸襦裙,也多用于披衫、褙子和比甲等类型的服装。例如,晋代女子流行穿对襟衫裙,腰带束于胸下,两襟对称压在腰带内,下身穿一席长裙;隋唐五代时期女子流行穿齐胸襦裙,一种是两襟竖直而下,称为对襟齐胸襦裙,另一种则两襟相交成"y"字形,称作交领齐胸襦裙。齐胸襦裙因女子所穿襦裙束得很高而得名,也称为高腰襦裙。

大襟一般指纽扣在胸前右上方固定的上衣或长袍,通常从左向右掩。衣服由两部分组成,搭在外面的叫作大襟,被压在里面的叫作底襟。大襟也称右襟,或右衽。唐代一首脍炙人口的儿歌就曾提到当时人们的穿衣情况:"我闻天宝十年前,凉州未作西戎窟。麻衣右衽皆汉民,不省胡尘暂蓬勃。"(《梦为吴泰伯作胜儿歌》)

直襟不同于对襟与大襟,它是两襟并排而下。这种形式的装束在商朝已经出现,到了汉代,人们流行穿着直裾袍,也就是直襟的长袍。

直襟

秦汉时规定,不能穿着直裾袍接待客人,也不得将其作为礼服穿着出门。这种规定的施行与当时裤子的样式有关,因

为汉代以前中原地区人们的裤子全是无裆的。随着合裆裤慢慢融入人们的生活,这种规定也就渐渐消失了。

绕襟属于曲裾衣,将长袍的后片衣襟延长,形成三角形状,缠绕在身上裹住身体,再用宽大的腰带压住衣襟的末端,称为"续衽钩边"。曲裾衣之所以要这样设计,是为了掩盖下裳开露的部分。

一字襟指胸前的衣襟呈一字形,多用于马甲,自晚清开始流行,其中以"十三太保"最为有名,也叫作"巴图鲁坎肩"。其特点非常鲜明,衣领下横卧一襟,衣襟上镶有7粒纽扣,左右腋下再各钉3粒,总共有13粒纽扣,因此而得名。在满语中"巴图鲁"是指勇士的意思,所以这样的马甲是给武将纵马射箭时穿着的。一字襟坎肩之所以要设计13粒纽扣,是因为当它穿着于袍褂之内时,因为天气炎热或者运动过度,体热难当,就需要拆解,这时只需要将纽扣解开,直接拖拽即可,免去了脱去外袍的麻烦。

八字襟较一字襟的区别是两端向下垂,正面看时衣襟成"八"字形,从外形上看八字襟更加美观大方,更加适合女性,所以很多旗袍都使用这样的设计。

衣袖是一件衣服重要的组成部分。古代服饰的衣袖普遍较为宽大,对于这种宽大的衣袖,有个专门的名称——"广袖"。在汉代,长安城里很流行广袖的样式,全国各地都有这样的衣服(《东观汉记·马廖传》)。穿着广袖衫,人们垂臂时双手都不会露出来,这样在走路时前后甩臂,两个大衣袖就会跟着前后摆动,我们所说的"拂袖而去"就是对这种状态的描绘。另外,古代衣服上从不缝口袋,不像我们今天的衣服,上衣与裤子上都可以缝口袋,在这种情况下,宽大的衣袖内可以放置一些零碎的东西。古代服装衣袖并不都是自袖根至袖口逐渐变大,马王堆一号汉墓出土有直裾袍和曲裾袍,都是垂胡袖的样式,这种袖子的特点是袖根与袖口都很小,而袖管非常宽大,很像黄牛喉咙下垂着的那块肉皱(学名称为"胡"),这种款式的袖子在汉代也非常流行。

垂胡袖

衣袖也叫作衣袂,我们现在常说的"联袂出演"就是手拉手一起出演的意思。《晏子春秋·杂下》中有典故称"张袂成帷,挥汗成雨",故事说的是:战国时期,苏秦游说齐宣王一起抗击秦国。苏秦说道:临淄城里有7万户居民,每家每户都可以拿出3个人征战沙场,城内非常富庶,人很多,也非常热闹,大家把袖子举起来都可以变成一道幕,挥一把汗都像下雨一样,既然齐国有这样的实力,为什么还要屈服于秦国呢?"袂云汗雨"这个成语就出自于此。虽然在这个成语中举袂成幕的景象有些夸张,但是可以看出当时百姓穿着的衣服多带有宽大的袖子。

服饰的质料

古代服饰华丽多彩,除了在造型和功用方面不断地改进

和发展，在质料的选用方面也是相当讲究。选用上等的质料不仅可以使衣服显得高贵典雅，也能让穿着者显得身份显赫。古代衣服的选材很丰富，宋代以前还没有开始种植棉花，多用丝麻制衣。普通百姓着麻布衣服，贵族大多穿丝织品(帛衣)。明代陈继儒的《大司马节寰袁公家庙记》中有云："古人食稻而祭先穑，衣帛而祭先蚕。"浙江省湖州市吴兴区境内的钱山漾遗址中发现了新石器时代的村落遗址，其中就出土了一种"新石器时代钱山漾类型丝线"，可见丝绸在我国已经有五千多年的历史。随着纺织与印染技术的不断完善，古代先民可以生产出非常精美的丝织品。宋朝以后开始逐渐使用棉花制作服饰。在有关棉花传入中国的记载里称："宋元之间，始传其种入中国，关陕闽广首获其利。盖此物出外夷，闽广通海舶，关陕壤接西域故也。"可见，宋朝时川陕地区已有棉花种植，此后棉花慢慢传入中原地区，并成为主要的衣服质料。这里将绢、素、缣、纨、绡、绮、锦、麻等古代主要的丝织品介绍如下：

绢是一种非常薄的丝织物，细密平滑，质地坚固。据《墨子·辞过》记载：丝麻制作成绢，就可以被人们缝制成衣服来穿。绢的制作工艺相对比较简单，通过对蚕丝进行牵伸、加捻等工序就可完成纱线的制作。绢除了被制作成衣物供人穿戴之外，还经常被用来记录文字。《墨子》中有"书之竹帛，传遗后世子孙"之说。只是当时的绢非常昂贵，平民百姓难以使用，所以统治者往往会把征缴来的绢当作俸禄发给官员，或者进行赏赐。唐朝出现的"绢马贸易"就是农耕民族用金银或者绢与少数民族进行贸易，以换来牲畜或畜产品。这种现象维持了很长时间，绢也被作为硬通货使用了很长时间。

素指未经染色的纱织物。战国时期的《周礼》中已有"素沙"(素纱)的说法。素纱制品中最为耀眼夺目的,要数长沙马王堆汉墓一号墓中出土的素纱禅衣,这里的"禅衣"就是单衣的意思。这件素纱禅衣总长128厘米,袖长190厘米,纱丝非常细,总重量49克,这样的制纱工艺意味着西汉时期的纺织技术已经达到了相当高的水准。

缣是一种双经双纬的细绢,其丝非常细密,有防水的功能,这就使得缣远比普通的丝绸要昂贵许多。古时有这样一个故事:临淮城里有一个人去集市上卖缣,等他到了市上突然下起了大雨,卖缣人没有办法就把缣撑开躲雨,另一个陌生人路过也想和他一起躲雨,卖缣人想也没想就把缣的另外一边让给他躲雨。等到雨停了之后,陌生人就说这个缣是他的,卖缣人恼羞成怒,两人争执不下,一直闹到丞相的府上。丞相说道,这一点缣也就区区一百钱,有什么好争的。于是就令人将缣一分为二,各自一半。卖缣人很愤怒,大声说不公平,而躲雨者则拿着半匹缣高高兴兴地走了。这时,丞相命人将那个躲雨者拿下,经拷问,躲雨者对自己的不良行为供认不讳(东汉应劭《风俗通义》)。通过这则故事我们可以看到,缣的质地非常细密,可以避雨,是较为贵重的丝织品。

随着纺织技术的不断发展,出现了一些非常精细的丝织品,纨就是其中之一。纨指细致而白皙的丝织品,我们所熟悉的成语纨绔子弟,在古时候就是指穿着华美衣服的富家子弟,由此可见纨在古代是富贵人家的一个代表性符号。随着纺织技术的发展,出现了一种更加精致的绢——冰纨。这种细绢非常洁白美丽,很多诗句都对其大为称颂。唐代许敬宗的《麦秋赋》中有云:"非甘泉而涤景,异寒气而浮凉。却冰纨于宝笥,屏珍簟于披香。"宋代苏轼的《元祐三年端午节帖子词·皇

帝阁》中有云："一扇清风洒面寒,应缘飞白在冰纨。"

绡用生丝制成,与纨从品质和工艺上来说很接近。其经纬密度很小,经过精炼和印染之后,使其经纬密度稍稍疏松,以形成绡独有的轻薄透明的结构。古代很多青纱帐用的就是绡。《红楼梦》第七十六回中说道:"紫鹃放下绡帐,拿着灯将门带上走了出去。"这样一个简单的描写就能看出,在贵族世家,绡这种丝织物在生活中是非常普遍的。

绮是一种起斜纹花的丝织品,质地非常柔软,色泽温和,多用于制作女人的衣裙。"绮罗"就是指华美的丝绸衣服,对于穿着绮罗的人通常都以"美女"相称。据说勾践让范蠡拿着很多钱去邀请西施,西施穿着绮罗衫,乘坐着有着多重帷帐的马车缓缓而来,大家对西施的美貌早有耳闻,纷纷都到郊外去迎接她,以至于道路堵塞(《东周列国志》)。西施如此的美貌,也只有绮这样的丝织品才配得上她。绮与纨相似,所以有"纨绮"的说法。唐诗里有:"易却纨绮裳,洗却铅粉妆。"(唐代韦元甫《木兰诗》)

锦是丝织品中最为贵重的织物,对工艺要求非常高,织锦难度很大。《释名·彩帛》云:"锦,金也。作之用功重,其价如金。故唯尊者得服。"古人常把锦与黄金视为等价,只有达官贵人才穿得起。锦自出现以来已经有3000多年的历史,汉代以前多用双色或者三色的亦称经丝彩色显花的经锦。经锦的意思很容易理解,在织锦的时候,纬线用一种颜色的丝线,而经线则用很多种颜色,这样就可以用经线来纺织出漂亮的花纹。东汉新疆民丰尼雅遗址出土的"延年益寿长大宜子孙"锦手套和袜子、"万世如意"锦袍、"五星出东方利中国"织锦护臂等耀眼华丽的织物就是典型的经锦。纬锦与经锦正好相反,用多组纬线、同一组经线进行制作。在制作用工方面,纬锦较经锦更加耗费人力,但却能织出比经锦更精美复杂、更宽大的物品。新疆出土了较多的唐代纬锦,而经锦却非常罕见,说明自唐代开始,纬锦逐渐代替经锦而成为主要的织锦方式。纬锦的出现可以说明唐代生产技术的高度发达,织锦工艺也达到了一个新的高度。纬锦在织锦工艺上与现代织锦已经非常接近。这种技艺高超的丝织物也传到了日本,唐代的狮子纹锦现存于日本的正仓院。唐代纬锦的花纹图案绚丽多彩,题材涉猎很广,其中的联珠团窠纹就很有特点,这种纹饰以大型的圆互相连在一起,大型的较粗的圆的轮廓里面填满了一个个实心圆,圆形图案内有各种鸟兽,圆与圆的交汇空隙处由花叶填补,这种样式深受波斯王朝的影响。

　　锦作为能够与金子相媲美的丝织品,人们都非常喜爱。我国以"四大名锦"最为著名,它们是南京的云锦、广西壮族自治区的壮锦、四川的蜀锦和苏州的宋锦。云锦以其绚丽多彩的云彩而得名,其图案布局严谨,风格多变,造型偏写实,擅长使用渐变色。壮锦也叫作"僮锦",用两组经线与四组纬线搭配织锦,用纬线做出花纹,其花纹与云锦不同,偏向于平面剪纸的风格,使用纯色,用途广泛。蜀锦已经有两千多年的历史,制作时以经线起花,多以经线上的彩条为基础,加以添花。由于战乱的原因,蜀锦的技艺传承受到严重的影响,在清代蜀锦的技艺恢复之后受到江南织锦业的影响很大,所以现在的蜀锦与云锦在品质方面接近。宋锦的制作工艺较为复杂,经丝分为两层,上面的一层叫作面经,下面的叫作底经,又称"重锦"。宋锦花纹造型精美,古色古香,在当时多用于书画装裱和朝服的制作。

葛麻的历史非常久远，陕西高家堡的西周墓葬中就曾出土麻布；《周礼》中也有提到，当时周代的官府专门设立了一个职位监管葛布的生产。麻类织物的特征明显，染色性好，经过染色之后色彩非常艳丽，不会褪色。在长期使用的过程中，人们渐渐发现麻布不易发霉，韧性较好，穿在身上凉爽透气，整体风格也较为粗犷。早在春秋时期，葛布的生产已经达到了很高的水平，说明葛麻这种天然纤维很受普通百姓的青睐。葛麻原料以苎麻为主，苎麻的生长受气候影响很大，主要分布在广东、广西、云南、贵州、福建、江西、浙江等地。湖南马王堆汉墓中出土的战国时代旳精细苎麻布，已经可以辨认出采用了脱胶工艺，这样做的目的是为了去除纤维四周的胶质物，分离纤维，以适应纺织的各种要求。可见当时的制麻工艺已经发展到了相当高的水平。各个朝代对于桑麻的种植都非常重视，例如南北朝时，《宋书》记载："凡诸州，皆令尽勤地利，劝导播殖，蚕桑麻芝，各尽其方。"明太祖还曾经颁布命令，要求全国各地都要种植桑麻，如果违反命令就要受到处罚。

服饰的色彩

印染对于衣服的重要性不言而喻。如果说衣服的质料可以满足人们对物质的追求，那么染色就是为了满足人们的精神需要。山顶洞人遗址出土的一些野兽牙齿、鱼骨头等装饰品，就已经涂有红色。这些红色颜料的来源是赤铁矿磨成的粉末。除此之外，很多出土的织物都是天然的颜色，并没有进行染色处理。一直到商周时期，色彩才频繁地进入人们的视线。在奴隶社会，人们开始重视印染技术，还特地设立了一个官职,称为掌染草,负责征收可以用作染料的草,并将这些草用秤称出具体的重量,然后收起来,等用到的时候再给染布的人(《周礼·地官·掌染草》)。

古人多从矿物和植物里提取天然的染料,朱砂就是其中常用的一种。朱砂在古时候叫作"丹",皇帝为了追求长生不老而兴起炼丹术,朱砂就这样在不经意间被制作出来。朱丹研磨之后的粉末呈红色,即便经过较长时间也不掉色,成为历史上重要的染色原料。《考工记》里记载,钟氏染制羽毛,用朱丹和丹秫(红色且有黏性的谷物)浸泡在水里,三个月后,用火炊蒸,并用蒸丹秫的汤汁浇到所蒸的丹秫上,然后再蒸一次,使汤更浓,就可以用来染羽毛。染三次的颜色称为纁,染五次的颜色称为缬,染七次的颜色称为缁。这种方法不仅可以用来给羽毛上色,也可以用在衣服上。在《考工记》的记载里,我们看到在用朱丹染色的时候,还用到了一种叫作丹秫的黏性谷物,这种谷物是没有颜色的,但其本身又有黏性,可以充当黏合剂使用。通过浸泡和发酵之后,剩下了朱丹与丹秫的粉末,再加热使之融化成糊状,随后浸染衣服。经过这样浸染之后的衣服色泽浓烈,不易掉色。从矿物中提取的染料除朱砂之外,常见的还有染红色用的赭石,染白色用的绢云母,染黄色用的石黄,染绿色用的石绿以及染青色用的扁青等。这些染色的方式叫作"石染浸染法"。

相比而言,从植物中提取的染料使用更为广泛,栀子就是应用最普遍的直接染料(直接溶于水,不需要用化学方法对纤维着色)之一。"若千亩卮茜,千畦姜韭,此其人皆与千户侯等。"(《史记·货殖列传》)由此可见,秦汉时期,非常流行以栀子来染色。栀子的果实中含有酮物质——栀子黄素、藏红花

素、藏红花酸。对于控制所染黄色的深浅,古人想出了一个非常有效的方法——加醋。黄色需要染得深就多加点醋,醋的用量多少决定了黄色的深浅。湖南长沙马王堆汉墓出土的织物中就含有用栀子染的黄色。由于这种方法染出的黄色经过日晒容易掉色,所以到了宋代以后,就用槐花代替了栀子染黄。

栀子染色的方式是直接浸染,还有很多染料并不可以直接用来染色,需要加入不同物质将染液进行转化,茜草就是其中的一种。茜草的根部有红色的茜素,但不可以直接附着在丝织物上,必须用到明矾这种含铝钙较多的媒染剂。经过明矾和茜素的作用之后,可以产生从浅到深不同层次的红色。经茜草媒染过的丝绸呈现出非常艳丽的红色,且不易掉色。在已经出土的大量丝织物中,运用茜草染色的占有很大比重。

另一种植物能够染出紫色,这就是藐(miǎo)茈(zǐ),也叫紫草。它也需要用明矾等媒染剂进行辅助才能给衣服着色。衣服的质料不同,紫草所染出的颜色效果也不同。例如丝织品较容易着色,而棉麻质料的衣服就不易上色,颜料的附着度很低。《韩非子》中记载了一则寓言故事,叫作《齐桓公好服紫》,说的是齐桓公非常喜爱穿紫色的衣服,带到了整个都城的百姓们都喜爱这样穿,但是紫色的衣服比较贵,齐桓公因此变得非常焦虑。他对管仲说:"我非常爱穿紫衣,紫色的布料很贵,但大家爱穿紫衣的风气一直不消失,我觉得很不好。"而管仲就说:"您何不试试不穿紫色的衣服呢?您就和身边的人说'我很不喜欢紫色衣服上特别刺鼻的味道'。"齐桓公照管仲的话做了。一天天过去了,整个都城内再也看不到穿紫衣出行的人了。正如这则寓言故事里所说的一样,经过紫草染色的衣服会产生一种臭味,而且会存在很长时间,不易散去。

除了栀子、茜草、紫草之外,还有蓝草、红花、地黄、冬青叶等常用的植物染料,这些用植物染料进行染色的方式称作"草染"。通过直接浸泡进行染色的工艺称作浸染法,需要添加媒染剂进行染色的方法称作媒染法。此外,古代染匠们又经过反复尝试,发明了套染工艺。所谓套染,就是用两种不同颜色的染料分别浸染,通过互相叠加混合后得出不同的色彩。蓝色的丝帛放到绿色的染料中,就会染成黄色,黄色布料浸染在红色染料里就会染成橙色,红色与蓝色搭配在一起就会形成紫色,只要具有红、黄、蓝三原色,就可以互相搭配形成各种复杂的颜色。按照这样的方法,就可以染出色环上的所有色彩。于是用来提取三原色的染料就非常重要了,红色染料可以从红花、茜草、苏枋等植物及朱砂和赭石等矿物中提取,黄色染料可以从芒、郁金的根茎、桑叶等植物中提取,蓝色染料可以取自于马蓝的叶、野青树、蓼蓝和菘蓝等。

随着印染技术的发展,衣服的色彩越来越丰富,人们开始在服装上绘制美丽的花纹,印花工艺随之诞生。印花是在衣服的局部区域进行精细的染色,这就要求绘制的花纹要有一定的色牢度。色牢度就是衣服的颜色在各种作用力下的牢固程度。新石器时代的各种陶器上就已有凸版印花。凸版印花的过程就是用木板或者其他物品作为模具,在上面雕刻阳文,用凸出来的一面沾上色浆,押印在花纹处。春秋时期凸版印花已经用于织物,到了西汉时期这种技艺已经相当完善,湖南长沙马王堆汉墓一号墓出土的"印花敷彩丝绵袍"就是用凸版套印(用多块印版重叠印刷)制作出植物藤蔓的形态,再结合毛笔绘制出叶子和花的样式。到了隋唐时期,有大量的印花

织物通过"丝绸之路"传到西域,而后又传至日本。在凸版印花技艺发展的同时,另外一种叫作"镂空版"的技艺也出现了,这种将织物夹在镂空版中间进行浸染的方式叫作"夹缬(xié)"。这种印染技术在秦汉时期就已经被大量应用,到了唐宋时期已经非常流行。唐代薛涛所作《春郊游眺寄孙处士二首》云:"今朝纵目玩芳菲,夹缬笼裙绣地衣。"可见当时夹缬这种技艺非常流行,日本的正仓院还收藏了六扇唐代的花鸟夹缬屏风,绘有花、鸟、树干、枝叶等内容,表现了盛唐时期精湛的绘画技巧,同时也反映出当时的纺织工艺相当发达。绞缬,也称"扎染",民间习惯称"撮花"。这是一种"防染法"的染花工艺,将布料按照花纹的形状用针缝好,将织物皱拢重叠,这样在进行浸染时,被缝以花纹的地方不容易被染色,如此制作出来的花纹有晕染的意味。蜡染工艺的出现,使得印花制作更为简单。用蜡液在织物上画出花纹,再将衣服进行染色,最后把蜡在热水中褪掉,就做出了想要的花纹。蜡染自秦汉时期就已经出现,一直延续到今天。西南少数民族地区将蜡染的技艺世世代代地传承了下来,贵州省安顺县就是著名的蜡染之乡,被称作"东方第一染"。

形　　制

在中国古代,衣服的形制非常丰富,例如安阳出土人俑身上的服装就有许多种形制,首服有头巾、高冠、尖帽等,上衣有直领衣、交领衣、织纹衣等，下裳有蔽膝、围裳、行滕等；此外还有腰带、鞋履等。这些衣服的款式设计不仅庄重典雅，也彰显了穿着者的身份与地位。

首服

　　首服是指用于饰首的服饰，包括冠、巾、帽等。

　　冠是古代贵族男子所用的一种特殊头饰。戴冠前先把头发束在一起，在头顶上盘成髻，用缅包住，然后再将冠套在髻上。冠圈上有窄长的冠梁，从前到后覆在头上。冠圈的两旁有两根小丝带，称作冠缨，可以在颌下打结。相传早在夏代，我国就已形成礼冠制度。《礼记·王制》记载，在有虞氏的时代，人们在祭祀时戴"皇"冠，在养老时穿深衣；在夏代，人们在祭祀时戴"收"冠，在养老时穿燕衣；殷人在祭祀时戴"冔"冠，在养老时穿编衣；周人在祭祀时戴"冕"，在养老时穿玄衣。其中的皇、收、冔、冕，都是冠名。冠的主要功能不在于实际使用，而是彰显礼仪。冠产生以后，没有身份的人不准戴冠。早期的冠，只是加在发髻上的一个罩了，形制很小，不能覆盖住整个头顶，其样式和用途与后世的帽子大相径庭。秦代以后，冠梁逐渐加宽，但也不能罩住全部头发。所以《淮南子·人间训》说，冠"寒不能暖，风不能障，暴不能蔽"。

　　汉代之冠，在形制上都作前高后低、倾斜向前形，其名目有十多种，供不同身份的人在不同场合使用。其中，有供文官戴的进贤冠，供武官戴的武弁大冠，供诸侯戴的远游冠，供御史一类的法官戴的獬豸冠，供宦官、近臣戴的貂蝉冠。此外还有刘氏冠、却敌冠、建华冠、樊哙冠、方山冠等诸多的冠式（《后

汉书·舆服志下》）。冠的制作材料亦有多种。明人屠隆《起居器服笺》载："冠，有铁者、玉者、竹箨者、犀者、琥珀者、沉香者、瓢者、白螺者。"

晋代以降，通常以冠梁的多寡来区别官阶的高低。《晋书·舆服志》载："进贤冠……有五梁、三梁、二梁、一梁。人主元服，始加缁布，则冠五梁进贤。"隋唐以后，梁数增多。明朝一品官用加笼巾七梁冠，二品六梁，三品五梁，四品四梁，五品三梁，六品、七品二梁，八品、九品一梁，二品以下不加笼巾。

古代妇女也有戴冠者，但多为花冠。如秦汉时宫女戴芙蓉冠，唐时宫女戴莲花冠，宋时宫女戴花冠等，但这些均为美饰装扮需要，唯有凤冠才被作为礼服的标志，表明后妃命妇的身份。凤冠被正式定为礼服，并将其纳入"冠服制度"的范畴，是从宋代才开始的。据载，北宋后妃在受册、朝谒景灵宫等隆重场合，必须戴凤冠。凤冠上饰以九翚四凤，四周还缀有各种花饰（《宋史·舆服志三》）。到了南宋，凤冠形制有所变易，除原来的凤翚花饰外，还增添了龙的形象，叫作"龙凤花钗冠"。明代后妃在接受册封，参加祭祀或重大朝会时，亦戴凤冠，不过凤冠形制较宋考究。从1956年北京定陵出土的凤冠实物看，其制以竹丝为骨，编为圆框，框内外各糊一层罗纱，然后在外表缀以金丝、翠羽做成的龙凤，周围镶嵌各式珠花。在冠顶正中的龙口，还衔有一颗宝珠。清代后妃所戴礼冠，虽亦饰有凤凰，但已不称凤冠，而名朝冠。

因为冠一般都是在严肃性的场合使用，所以古代男子自20岁起才开始戴冠。戴冠时，要举行"冠礼"，以示成人。古代男子不戴冠者主要为庶人。由于罪犯不冠，古人往往以"免冠"表示谢罪。当今社会的脱帽致意，就是源于这一习俗。

巾亦称"头巾",即裹头用的布帕。古人"以尺布裹头为巾,后世以纱罗布葛缝合,方者曰巾,圆者曰帽"(明李时珍《本草纲目·服器部》)。巾的主要功能是约发、保暖和防护。秦汉时期,平民戴头巾十分普遍,因为冠冕只有贵族官员才能享用,一般百姓只能戴简易的头巾。汉代刘熙《释名·释首饰》云:"二十成人,士冠,庶人巾。"巾,读音为"谨",这句话是说人到了20岁开始佩戴,当官的带"冠",平民百姓带"巾"。战国时,一些诸侯国甚至把用帛包头作为罪犯的特征。如魏国规定犯轻罪的人用丹布包头;秦国规定罪人用墨布包头,所以秦国的奴隶、犯人又被称作"黔首"。

汉代以来,人不分贵贱均可使用头巾。降及东汉末年,头巾的地位发生了明显变化,由普通庶民服饰,演变为时髦的装饰。据记载,当时的名人如袁绍、孔融、郑玄等人都爱戴幅巾。三国鼎立之际,手持羽扇、头戴纶巾(一种用丝带编织成的幅巾)的诸葛亮以其潇洒、自信的风度,征服了无数人。于是纶巾也成了一种典雅之饰,上起王侯,下至庶民,纷纷弃冠着巾。

纶巾

这种厌弃冠冕公服而以幅巾束首的风气,在整个魏晋时代十分流行。它与士族名士们不遵礼教,以戴冠为累赘,追求自由的心态互为表里。江苏南京西善桥出土的"竹林七贤与荣启期"砖印壁画,共绘八人。其中,一人散发,三人梳髻,另外四人皆扎头巾,无一戴冠,就是一个明显的例证。上述头巾,大多是一幅布帛,使用时须覆在头部,临时扎系。此外,还有一些头巾,须事先折叠成型,用时直接戴在头上,无需扎系。颇受人们青睐的"菱角巾"就是这种头巾,还有用黑色纱罗制成的"乌纱巾"以及用葛布制成的"葛巾"等,都属于这一类。北周武帝时,对巾做了改进,裁出四脚,裹发后两脚系缚在头顶,另两脚则垂于脑后,名为"幞头"。幞头是隋唐时男子的主要首饰。

由宋及元400年间,扎巾的习俗历久不衰。但其形制变化很大,名目也很多。有的根据款式定名,如圆顶巾、方顶巾、秦顶巾等;有的以人名命名,如东坡巾、程子巾、山谷巾等;有的则以质料定名,如绸巾、纱巾等。不同身份的人物,其使用的头巾往往不同。正如南宋吴自牧《梦粱录》卷十八《民俗》所载:"且如士农工商,诸行百户衣巾装著,皆有等差……街市买卖人,各有服色头巾,各可辨认是何名目人。"此种风习到了明代更为盛行,此时男子对头巾的崇尚程度,超过以往任何时代。这一时期先后出现的头巾款式多达30余种,其中以网巾、方巾使用最为普遍。网巾为明代道士首创,相传朱元璋在召见神乐观道士时,见其以网巾裹头,问是何式?道士答:"此网巾也,用以裹头,则万发俱齐。"即位不久的朱元璋对"万发俱齐"之语非常满意,立刻给这个道士封官,并颁式天下,令满朝文武、全国百姓都用此巾来裹发。明代士子则喜用方巾,其形状方平正直、四楞，每一面都上宽下窄，呈倒梯形。创始人为明初士子杨维桢，朱元璋喜其名称寓有四方政治统一，天下安定之意，遂令照样制用，全国通行。入清以后，由于发型的变化，很少有人再戴头巾。近代男子剪掉了辫子，皆作短发，也不需用头巾。头巾便从此退出历史舞台。

中国古代的女性也喜扎头巾。三国时期女子所戴的头巾，其系扎方法大抵由后向前，然后在额上交叉系结。唐代妇女头巾的扎法较为奇特，通常只将头顶上的发髻包住，而额发、鬓发则散露于外，这从现存的唐画《双陆图》《调琴啜茗图》可见一斑。宋代妇女中间流行一种额巾，叫作"额子"。宋代书画家米芾《画史》云："唐人软裹，盖礼乐阙，则士习贱服，以不违俗为美……其后方见用紫罗无顶头巾，谓之额子。"其形式是用一块帕巾，折成条状，绕额一周，系结于前。明清时期妇女中曾一度流行用帕巾包头的习俗，这实际上也是一种头巾。入清以后，由于实施了剃发令，头巾这种首服在男子中便逐渐销声匿迹，但在妇女中仍然长盛不衰。

帽又称"冒"或"帽子"。"冒"是帽的古字，为象形文字：四周像缝缀而成的兜，下部开口，以便套在头上。在陕西临潼邓家庄新石器时代遗址中，曾出土一件6000年前的戴帽陶俑：帽式呈圆形，前高后低，顶部微尖，从外形看，所用质料较为厚实，可能是用野兽的毛皮制成。考古发掘表明，帽在我国已有6000年以上的历史。帽是在巾的基础上演变而成的。因为戴帽子要比扎头巾更方便，帽子遂逐渐取代头巾。远古时期帽子的主要功能是保暖和防护，故北方人民所戴居多。直到秦朝，帽子仍以西域少数民族所戴为多，汉族则多用于孩童，一般人很少使用。汉代的帽子是一种软性圆帽，用布帛制成，一

般先用头巾把头发扎好,然后再戴帽子。汉乐府《日出东南隅行》载:"少年见罗敷,脱帽著帩头。"说的就是这种情况。此后帽被用作服饰的标志,以显示各式人等的品秩身份,这样便产生了冠。三国时期,帽子已经在中原地区普及开来。东晋南朝时,戴帽者更多。南朝时期,帝王百官以戴白纱帽为尚。由于白纱帽的形状比较高,以白色纱縠为面料,所以又称"白帽""白纱高屋帽""高屋白纱帽""白高帽""高屋帽"等,通常用于宴见朝会。《梁书·侯景传》载:"(景)自篡立后,时著白纱帽,而尚披青袍,或以牙梳插髻。"《资治通鉴》卷一百三十《宋纪十二》载:"于时事起仓猝,王失履,跣至西堂,犹着乌帽。坐定,休仁呼主衣以白帽代之。"元胡三省注:"江南,天子宴居着白纱帽。"皇帝登基时亦多戴此种帽子,是为南朝官制的一大特点。与白纱帽相对,此时的士庶阶层则戴乌纱帽。同时,在民间,由于这一时期战火频仍,民心思安,祈求合欢团圆,又出现了"合欢帽"。

合欢帽

　　这是一种一般百姓喜戴的便帽,由两块面料合缝于中央,顶为圆状,与北方少数民族戴的"突骑帽"有相似之处,区别在于突骑帽之下有垂帽为颈,而合欢帽下方只有两根带子结于颈下。此外,这一时期人们常戴的还有风帽、破后帽等。风帽是一种附有下裙的暖帽,原先也以北族之人所戴为多,由于便于武士使用,所以渐为中原之人采用,但多在出行时使用。南朝齐永明年间,有人对其进行了改制,把风帽的后裙缚起,垂结于后,俗称"破后帽"。隋唐承袭六朝遗风,仍普遍戴纱帽。《隋书·礼仪志七》载:"开皇初,高祖常着乌纱帽,自朝贵以下,至于冗吏,通着入朝。今复制白纱高屋帽……宴接宾客则服之。"到了唐代,仍将纱帽用于礼服。此外,胡帽在唐代也十分流行。

　　所谓胡帽,是中原汉族人民对西域少数民族所戴之帽的总称。它包括锦帽、珠帽、搭耳帽、浑脱帽、卷檐虚帽等,多以

胡帽

貂皮、羊皮、毡类为之,具有浓郁的草原民族特色。胡帽不仅为汉族男子所喜爱,女子戴胡帽也成为当时的时尚。史载,唐中宗以后,宫人从驾者皆戴胡帽乘马。唐代妇女喜着男装和胡服、戴胡帽,跃马扬鞭,显示出一种开朗、奔放、健康向上的精神风貌。宋代是一个崇尚礼制的社会,因而服冠制度等级十分森严。有职之人服制繁缛,朝会有朝会之冠,祭祀有祭祀之服,只有赋闲在室,穿着才可随便一些。此时期的士人中十分流行戴帽,且款式别出心裁,自创新样,有京纱帽、尖檐帽、笔帽、翠纱帽等款式。唐代时兴的胡帽,此时戴者已很少见。纱帽依旧流行,尤其在士大夫阶层,更受青睐。纱帽的形制也多种多样,其中,一种高顶纱帽最为流行,它以乌纱制成,顶高檐短,状似高桶,所以被称为"高桶帽"。相传这种帽为苏东坡所创。苏东坡在被贬之前经常戴,后来的士大夫为了表示对他的尊敬,纷纷戴起了这种帽子,并易其名为"东坡帽"

东坡帽

"子瞻帽"("子瞻"为苏轼的字)。不过,此时"帽"和"巾"的概念常常被混为一谈。巾可叫作"帽",帽也可叫作"巾",两者虽然名称不同,实际上却是同一种首服。

宋时还有一种属于"奇装异服"之类的帽,即宋高宗绍兴年间,士庶之家竞相以母鹿腹中的胎鹿之皮制成妇人的冠帽,一时间山民采捕胎鹿无遗。若不是朝廷用法令禁止,真不知最后如何收场。为了杜绝这种侈靡的风气,宋王朝动了真格,曾多次拿朝廷"开刀",将宫中金翠等物集中于街市,当众焚烧,同时告诫天下,再有犯者一律重罚。

帽以质料分有布帽、纱帽、毡帽、草帽、竹皮帽等;以用途分有暖帽、凉帽、雨帽、风帽、破后帽、突骑帽等;以形制分有大帽、小帽、圆帽、方帽、高桶帽、尖檐帽等;此外还可按使用的礼节、场合以及品评等秩等不同功能分为官帽、便帽、礼帽等。

衣服与裤裳

中国传统的服装不外乎上衣下裳制和衣裳连体制两种主要的形制。上衣下裳制即上身称衣,下身称裳。凡穿在上身的衣服,统称"上衣",包括襦、袄、半臂等。上衣下裳的服制,相传始于黄帝时代。这可以说是中国历史上最早的上衣下裳制度的基本形式。衣裳连体制即上衣下裳合而为一,形成一件服装,包括深衣、袍、衫、褂、褙子、直裰、褶子等。衣裳连体制,古称"深衣",其雏形亦见于原始社会时期。

深衣产生于春秋战国时期,是一种连接上衣和下裳的服装。《礼记·深衣》载:"衣裳相连,被体深邃,故谓之深衣。"制作深衣的质料,最初多用本色麻布,袖、襟、领、裾等部位镶以彩

缘。及至战国,则用丝织物为衣,彩锦为缘,其形制为交领、缘边,袖口和下摆宽,下摆不开衩口,长度在足踝间,以不沾地为宜。深衣缝制容易,穿着方便,既利于活动,又能严密地包裹住身体,还可以充分利用布料。因此在长裤形制还不完备的古代,深衣可以更加严谨、有效地遮掩躯体,无论是从御寒护身还是从美学角度看,都有相当大的优势。所以,深衣在战国时已十分风行,无论文人、武夫、官员,还是一般平民,全都把它作为日常服装,甚至作为礼服穿用。在儒家理论中,深衣的袖圆似规,领方似矩,背后垂直如绳,下摆平衡似权,符合规、矩、绳、权、衡五种原理,所以深衣是比朝服次一等的服装,庶人则用它当作"吉服"来穿。深衣在秦汉时期仍十分盛行。此时的士庶男女都穿深衣,陕西临潼始皇陵出土的秦俑,即穿着曲裾深衣。湖北云梦等地汉墓也出土有穿着深衣的木俑。尤为难得的是,在湖南长沙马王堆汉墓中,还出土有多件深衣实物,虽然在地下沉睡了两千多年,但保存完好,形制、特点十分清楚。东汉以后的深衣多为妇女使用。魏晋以降,深衣之服渐不流行,但对后世服饰影响甚大,以后的长衫、旗袍乃至今世的连衣裙等,都可以说是深衣的遗制。

裘是一种贵重的毛皮大衣。古代凡用野兽的毛皮所做成的衣服统称"裘",有狐白裘、羊羔裘、狐青裘、犬羊裘等。裘服滥觞于殷商时期,历代沿用不衰。古代的裘服之所以选取羔羊皮和狐狸皮为之,除为保暖之外,还有其象征意义,因为狐狸死后头仍挺立着,故取其象征君子不忘本之意;而羔羊则取其象征温顺和谦逊之意。古代天子均着白狐裘,诸侯穿黄狐裘,卿大夫穿青狐裘,士人穿羔裘,庶人穿犬羊之裘等。按照规定,除天子穿用大裘外,一般官员除拜会天子时着裘外,平日必须在裘外罩上缯衣(丝织衣),也称"裼衣"。古代裘衣十分贵重,其中,最为珍贵的要数狐白裘,它是用许多狐狸的白腋毛拼接而成。所以古代有"千羊之皮不如一狐之腋"(《史记·赵世家》)和"士不衣狐白"(《礼记·玉藻》)之说。又据《史记·孟尝君列传》载,战国孟尝君入秦被囚,派人向秦昭王的幸姬求情。幸姬说:"愿得君狐白裘。"原来孟尝君有一狐白裘,天下无双,可已献给了秦昭王。多亏了一个"狗盗"者入宫将白裘偷了出来,献给秦昭王的幸姬,孟尝君才得以被释放。裘的珍贵程度由此可见一斑。裘除在宫廷中作为官场正式服饰外,也是男子外出打猎的常服,这在唐代尤为兴盛。

裘

袍是继深衣之后出现的又一种上衣和下裳连成一体的长衣，产生于周代，男女均可穿着。袍最初多被用做内衣，穿时在外另加罩衣。《礼记·丧大记》载"袍必有表"，说的就是此意。袍有夹层，夹层内装有御寒的棉絮。如果夹层所装的是新棉（绵），称为"茧"；如装的是败絮（缊），则称为"缊"。所以袍有绵袍和缊袍两种形制。在周代，袍是一种生活便装，不能作为礼服穿着。军队战士也穿袍，《诗·秦风·无衣》云："岂曰无衣，与子同袍。"这是描写秦国军队在物资供应困难的冬天，共同合披袍服克服寒冷的诗篇。

缊袍比绵袍低劣。孔子说："衣敝缊袍，与衣狐貉者立，而不耻者，其由也与！"（《论语·子罕》）意为穿着破旧的丝棉袍子，与穿着狐貉皮袍的人站在一起而不认为是可耻的，大概只有仲由吧！这里的"缊袍"，就是指纳有败絮的冬衣。绵袍也是一种冬衣。说起绵袍，还有一段感人的故事。战国政治家范雎遭到魏大夫须贾陷害，逃亡到秦国当了宰相。须贾出使秦国，范雎装扮成原来的样子拜访他。须贾见范雎贫寒，送给他一件绵袍。后来，范雎对须贾说，我之所以不杀你，是因为"绵袍恋恋，有故人意"（《史记·范雎蔡泽列传》）。后人又以绵袍表示不忘旧情。唐人高适《咏史》诗中就有"尚有绵袍赠，应怜范叔寒。不知天下士，犹作布衣看"的吟咏。

及至汉代，袍被当作一种普通服装，人们在居家时，可将其单独穿着在外，无需再加罩衣。妇女在婚嫁之日，无论贵贱，皆可穿着。只是在颜色、装饰上稍有区别，以示等差。唐朝时，袍成了最常见的衣着。此时的袍服与标榜正统汉族礼仪文化的官员礼服不同，它吸收了比较多的北方游牧民族服装元素。日常穿用的袍装，袖子较细窄，襟裾也较短，仅及踝部,甚至有些短袍仅过膝部。衣身较紧凑,采用圆领或大翻领。这样的袍装节省原料,也便于活动,因此普遍受到人们的欢迎,甚至连帝王官员都在平时穿用长袍,称作常服。此时各种式样的袍服,从河南、陕西、山西等地出土的大量唐代陶俑,敦煌、龙门等地石窟中的壁画、造像,陕西永泰公主墓、章怀太子墓、杨思勗墓等处出土的壁画、石刻等众多艺术作品中可窥见一斑。这种形制的袍延续到明代发生了变化。此时期的袍与明以前的袍虽同是一个名称,但外形结构却截然不同。明代以前的袍为颌领、交领、对领和圆领,袍身肥大,袖身舒展,衣身用带结。清朝的袍服则是立领,袍身稍窄,袖身也较短窄,衣身用盘纽。清代的袍名为"旗袍",它比古老的袍式进了一大步。旗袍除可独立穿着外,还可外着坎肩(即背心)或外套。外出时还可以加上敞衣(官衣)。清代旗袍还有前中缝、后中缝和左右边缝,这叫四面开衩旗袍,是王公贵族骑射时的装束。

衫是一种大袖单衣,是长衣中的一种。它以轻薄较软的纱罗缝制,仅用单层,不用衬里。一般多做成对襟,两襟之间用襟带相连,也可不用襟带,任衣襟敞开。衫滥觞于东汉。由于其形制十分简单,因而至魏晋时期流行开来,其中江南地区的士人穿着者尤多。江苏南京西善桥出土的"竹林七贤和荣启期"砖印壁画,所绘八位士人全部穿衫,还有袒胸露怀者,这是当时风俗的写照。南北朝时,由于受胡服的影响,穿衫者逐渐减少。晚唐五代时,则再度流行。衫的形制也不断改变,出现了襕衫、凉衫、桂布衫、缺骻衫和团衫等款式。宋代因袭五代遗制,也以着衫为尚。宋衫质薄,大部分绣有花纹。此时的妇女穿衫也十分普遍,宋徽宗所作的《宫词》中就有"女儿妆

束效男儿,峭窄罗衫称玉肌"的描绘。在福建福州及江西德安的宋代女性墓中,还出土有大袖宽衫实物。到了明代,衫甚至被用作妇女礼服。《明史·舆服志三》称:"(洪武)二十四年定制,命妇朝见君后,在家见舅姑并夫及祭祀则服礼服。公侯伯夫人与一品同,大袖衫,真红色。"其他命妇之衫也与此相同,只是所用原料及颜色有所不同而已。

襦是一种比衫短小的衣着。《急就章》注云:"短衣曰襦,自膝以上,一曰短而施腰者襦。"《说文·衣部》也说:"短衣也。"其长度仅及膝上。襦的袖子较长,衣身较窄。其形制最早出现在汉代。汉高祖刘邦是楚人,好楚服,而楚服多短制。叔孙通衣襦服,褒衣大袍,刘邦看了十分反感。叔孙通见势不妙,顺风转舵,改着楚制短衣,刘邦遂转怒为喜。因此,汉代宫廷中崇尚短衣,襦自然也成为贵族子弟中最受欢迎的便服。《汉书·叙传》载:"班伯为奉车都尉,与王、许子弟为群,在于绮襦纨绔之间,非其好也。"襦所用原料除布、帛以外,大多采用罗縠纱或锦,罗縠纱取其轻,锦取其厚挺,并可绣以图案装饰,通常用紫、黄、红色为之。襦在东汉以前男女通用,既可当外衣穿,也可作衬衣使用,东汉以降则几为妇女所专用。其形制分为单襦、复襦、要襦、反闭襦等。单(同"禅")襦又称"汗襦",《方言》第四:"汗襦……或谓之禅襦",主要在夏季穿着。居延汉简和连云港西汉墓遗策分别有"白布单襦"和"练单襦"的简文,是指用麻布和丝制成的襦。有里有絮的襦被称作"复襦",汉代刘熙《释名·释衣服》云:"襦,暖也,言温暖也。"甘肃武威磨嘴子汉墓中即出土有这种服装,衣面为浅蓝色平纹绢,内纳丝棉,大襟,窄袖,齐腰长,出土时尚穿在女尸身上,下配丝棉长裙。要襦的形制较为特殊,《释名·释衣服》云:"要襦,形如襦,

其要上翘,下齐要也。"即颜师古所说"短而施要者"。反闭襦
是"襦之小者也,却向著之,领反于背,后闭其襟也"(《释名·释
衣服》)。由此可知,反闭襦是反穿的襦,形制较小。襦的形制
在魏晋南北朝时仍流行,一般采用大襟,衣襟右掩,衣袖有宽
有窄。降及隋唐,其形制稍有变化,出现了对襟之襦,穿时将
衣襟敞开,不用纽扣,下摆部分则束在裙内。到北宋年间,襦
的形制又稍有变化,有的袖口极小,衣身也短了许多,取名"旋
袄",是一种杂技演员的表演服。清代以降,由于短袄的流行,
妇女穿襦者已不多见,及至清代中叶,襦的使命基本宣告
结束。

袄是一种比襦长、比袍短的上衣,由襦演变而来,有时可
代替袍外用。冬季所用者,多纳有棉絮,俗称"棉袄";也有以
厚实的织物为之,内衬缀里,俗称"夹袄"。夹袄多用于春秋两
季,棉袄则用于冬季。无论夹袄还是棉袄,一般多穿在长衣之
内,男女均可着之。其制约出现在魏晋南北朝时期,隋唐沿
用。宋时较为流行,各色人等均可服之。史载:"熙宁中,鲁直
入宫,教余兄弟。伯父五开府,酒余,脱浅色番罗袄衣之。"(宋
赵德麟《侯鲭录》卷二)又据记载,有一位专为贵族家做菜羹的
厨娘,她初到贵族家时犹着红衫翠裙,当入厨工作时便更换团
袄围裙的装束,足见袄是一种很普通的衣着。袄在明清时期
继续沿用,不过多用作内衣,外面需罩以袍、褂之类的外衣。
妇女则直接用作外衣,穿时和裙、裤相配。至晚清,袄的形制
开始有了变化,除短袄外,又出现了一种长袄,其长盖膝。至
民国时期,妇女受西洋"曲线美"的影响,为了表现柔美的身
姿,又把袄的长度恢复到胯部以上部位,并沿用至今。

半臂是一种无领(或翻领)、对襟(或套头)的短外衣,套在

长袖衣衫外面，一般和上衣一起束在裤腰里。因衣袖之长，为长袖衣的一半，所以又称"半袖"；又因衣袖之长仅覆于上臂，故又有"半臂"之谓。其制最早出现于汉代，三国时魏明帝曾因着绣帽，被"缥纨半袖"，受到直臣杨阜的指斥，认为这种服饰不合礼法（《宋书·五行志一》），弄得明帝极为尴尬。半臂直到唐代才风行起来。起初仅为内官及女史供奉之服，着之以便于劳役，后来才流传到民间，成为一种男女皆喜穿着的常服。据记载，武则天当政时期，来子珣为羽林中郎将，"常衣锦半臂，言笑自若"，受到朝士的诮笑（《旧唐书·来子珣传》）。在唐玄宗李隆基继位前，王皇后的父亲王仁皎曾脱下身上穿的"紫半臂"换来面粉，做汤饼替李隆基过生日（《新唐书·后妃传》）。终唐之后，其制不衰，并一直递嬗到明清时期。

在中国古代，男女穿着的下身服装有裳、裙、裤等。

裳读作 cháng，又写作"常"，是一种专用于遮蔽下体的服装。男女尊卑，均可穿着。其制滥觞于远古时期。《周易·系辞下》载："黄帝尧舜，垂衣裳而天下治。"关于裳的形制，《礼记·内则》郑玄注说："凡裳，前三幅，后四幅也。"可知古代的裳由前三幅、后四幅的衣料连接而成。其款式与后世的裙子有些类似，但裙子多被做成一片，穿时由前围后，将下体全部遮住；而裳则制成两片，一片遮前，另一片遮后，左右两侧各有一条缝隙，以便开合。但是穿着这种下裳，在日常生活中必须十分小心，稍不留意，就会有暴露下体之虞。进入汉代以后，人们的下体之服得到了改进，一是出现了有裆之裤；二是裳被裙子所取代。裳的前片和后片被连成一体，就变成了裙。裙子出现以后，裳的使命便告终结，唯礼服中仍保留此遗制。

　　裙又称为下裳,是我国古代女子一种主要着装。裙装从古至今,在我国已有3000年的历史,但作为较正规的裙式则始于周文王时期。其形式滥觞于原始人的围草。用布帛制裙是周文王时期的一大发明创造,不过此时的裙尚未被普遍接受,而只是以命令形式要求在宫廷内部先行穿着。

　　降及秦朝,裙的穿着范围有所扩大,不过仍采取命令方式,命宫女穿五色花罗裙。到了汉代,女子着裙已较为普遍。此时的裙通常加有裙缘,所用质料有丝、布等。丝裙为社会上层或中层女子所穿,如南朝徐陵《玉台新咏·定情》诗:"何以答欢悦? 纨素三条裙。"长沙马王堆一号汉墓出土的裙子,上窄下宽,由四幅素绢拼成。布裙则在一般百姓中流行,河南密县打虎亭汉墓壁画所绘女子上着短褥下穿长裙的形象,则为其实物证明。唐代安乐公主的"百鸟裙",其制作工艺之精,在服饰史上十分罕见。这种珍贵的服饰,虽然不在广大妇女中流行,但普遍为社会中上层妇女所接受。至于小家碧玉,则以颜色和式样取胜,其中,最典型的当属石榴裙。唐人小说中的李娃、霍小玉等常穿这种裙子,《红楼梦》里也有关于石榴裙的大段描写。所谓"拜倒在石榴裙下",更形成一句俗语,可见这种裙子一直流传了下来。此外,唐时的罗裙也颇受欢迎,多以质地取名;郁金裙是以郁金芳草染色,取其香气而得名。古诗中有不少关于唐裙的描写,白居易诗"移舟木兰棹,行酒石榴裙";杜甫诗"蔓草见罗裙";李商隐诗"折腰多舞郁金裙"等,都是以夸张的手法对裙式作了形象的描写。唐裙取色多以红、紫、黄、蓝为主。从长安、洛阳出土的陶俑中,仍可依稀看到当时妇女裙上的红色、蓝色的痕迹。

宋代的裙式基本上延续唐代,仍以石榴裙最为有名,罗裙、百褶裙、花边裙、生绢裙、单纱裙等也很普遍。从文献记载看,宋代妇女裙子的颜色以郁金香根染的黄色最为贵重,为贵妇所穿,红色的裙子为歌舞伎乐所穿,村妇大多喜穿绿色或青色的裙子,而在西南少数民族地区,妇女们则流行穿婆裙(或称莎裙)、花裙、仡老裙等。南宋时期还出现过一种"赶上裙",前后不开衩,下曳于地,是宫廷中嫔妃们穿着的新颖别致的裙式,但由于穿着不普遍,故人称"妖服"。明代的女裙仍保留着唐宋时的特色。曾风靡于唐代的红裙,至明代再度流行;宋代的百褶裙,在此时也没有偏废。裙子的色彩、纹饰以质朴、清淡为主。至明末,则一改此风,追求起华丽的格调,诸如凤尾裙、月华裙、百花裙等裙式,装饰都十分考究。清代的裙子有凤尾裙、月华裙、张墨裙、鱼鳞百褶裙等式样,其形制随时而变,有在裙上缀以各种飘带的;有在裙幅下装上若干小铃的,使之叮当叮当作响;也有在裙幅下绣满水纹的,随着人体的走动,一折一闪,异常美观。

裤是人们下体所穿的主要服饰,裤原写作"绔""袴"。裤子的出现,可追溯到春秋时期。不过,当时的裤子不分男女,都只有两只裤管,名叫"胫衣"。与后世的套裤相似,无腰无裆,仅施两胫,上端缀以细带,穿时系结于腰。《说文·系部》载:"绔,胫衣也。"段玉裁注:"今所谓套袴也。左右各一,分衣两胫。"从居延汉简上所看到有关袴的记录往往和鞋袜一样,也以"两"字计数,就是出于这个原因。

古人穿着绔的目的是遮护胫部,尤其在冬天,可以起到保暖的作用。这种裤子平时多穿在下裳之内,所以常用质地较次的布制成,富贵之家也有用丝织品为之者,但在社会上被公认为奢侈之服。今人称衣着华丽、不学无术的年轻人为"纨绔子弟",典出于此。"纨绔"就是用丝绢制成的裤。

由于绔的长度仅能遮护胫部,膝盖以上则完全赤裸,以长衣遮护,故古人行、跪、卧、坐时,很注意规矩。《礼记·曲礼》云:"暑无褰裳。"《内则》也说:"不涉不撅。"意谓暑热天不可提起衣裳,不蹚水过河不可提衣,否则,露出身体会被认为"不敬"。

大约战国以后,古人的裤子才得到改善,其款式也多了起来,概而言之,主要有两种类型:其一是无裆之裤,即《释名·释衣服》所云"绔,跨也,两股各跨别也",也就如《说文·系部》所说的"绔,胫衣也"。江陵马山战国中晚期楚墓出土的这种类型的棉绔小有收口,上有分裆,两绔腿由绔腰联成一个整体,是一件"开裆绔"。当时的汉族人为什么要穿无裆裤?这是因为外衣穿裳,不利于上厕所。人们必须要解开一层又一层的带子,才能方便。其二是连裆裤,名为"穷绔"。其制上大于股,下覆于胫,在两股之间施以裤裆,可以用带系起来。《汉书·外戚传》载,西汉名将霍去病之弟霍光,受汉武帝遗诏,辅助昭帝即位,并将自己的外孙女嫁给昭帝做皇后。为了让皇后"擅宠有子",他特以皇帝身体不安为由,提出"禁内",令宫中宫女皆穿穷绔,"多其带"。颜师古注引服虔曰:"穷绔,有前后裆,不得交通也。"颜师古进一步解释道:"即今之绲裆绔也。"这种裤型汉以前已经出现。如河南信阳春秋战国之际楚墓出土漆瑟上所绘猎人着紧身裤,即为连裆裤;始皇陵秦俑所着的裤子均为连裆裤。不过这种形制的裤子在西汉前期并未广泛流行,到了西汉中期,穷绔才与无裆绔一同并行于世。当时之所以在穷绔的裆上缚带,而不将其制成满裆式,目的仍是为了便溺的方便。所以穷绔又有"溺绔"之谓。

这种裤子男女均可穿着。大约是由于脱穿不自如,所以没有普及开来。

贴身穿的内绔称"裈",犹今之短裤。它十分短小,只是一块3尺(1米)长的布帛围在腰胯间,形如牛鼻子,所以称为"犊鼻裈"。之所以称此名,是由于它与西汉著名文人司马相如有一段关联。四川富豪卓王孙的女儿卓文君对司马相如一见钟情,便逃出家门与司马相如私奔。但是司马相如家徒四壁,无以谋生。他们只好到临邛卖酒。司马相如遂让卓文君当炉卖货,自己则穿着犊鼻裈洗餐具,故意出老丈人卓王孙的丑。卓王孙见到后无地自容,不得不在既成事实前屈服,成全了他和卓文君的婚事。可见犊鼻裈在贵族富翁们眼中是一种低贱之服。

足衣

足衣是指穿着于足上的装束,主要为鞋子和袜。我国早在商周时期就有了鞋。这一时期的鞋主要有舄、屦、履、扉等。舄在行礼时穿用,是一种双层底鞋,上层为麻或皮,下层为木制底,并在木制底上涂蜡,以防潮保暖,是专为贵族穿用的鞋具。屦是一种单层鞋,用草编制的称"草屦",用葛藤加工的叫"葛屦",质量较草屦好些。草屦又称"屝",是穷人、罪徒穿着之物,也是社会各阶层的丧服。履,多用皮制成,称革履。《诗经·魏风·葛屦》云:"纠纠葛屦,可以履霜。"唐孔颖达注:"凡履,多皮,夏葛,无用丝之时。"后来则出现了丝履、麻履,有头部向上翻卷者,也有平头者。履的制作要比屦的制作要复杂、精细,所以一般多用于礼仪场合。扉,是屦的一种,齐人以皮制屦。

汉代鞋的式样没有严格区别，男子多方头，女子多圆头，但又可通用。在日常生活中贵族着丝履，可不随衣色。北方因天气寒冷，多穿皮靴；而南方气温高，湿润，多穿草鞋。值得一提的是，秦汉时已有进门脱鞋的习俗。在室内，多穿袜行于席上。不仅平日燕居如此，上殿朝会也一样。能剑履上殿，则为殊荣，有汉一代，仅萧何、曹操等少数人曾享受这一待遇。

魏晋南北朝时期，丝履大为盛行，其形制繁多，除原来的素履外，还增加了纹彩。高允《罗敷行》中有"脚着花文履"之句，"花文履"即饰有花纹的丝履。这一时期，木屐也十分流行。屐是一种木底之鞋。颜师古注史游《急就章》载："屐者，以木为之，而施两齿，所以践泥。"在屐的底部，通常装有两个齿，一前一后。这种齿是活动的，可以随时拆装，构造十分巧妙。木屐很轻便，尤其在雨天的泥地或长有青苔的道路上行走更优于布履、丝履，不至陷足泥中或滑跌。早在2000多年前，我国就有了屐。据载，孔子当年外出游说，就穿着这种木屐。汉代以后，其制不衰。东晋南朝隋唐时，木屐的流行达到鼎盛，上自天子，下至士庶都喜穿着。南朝刘宋时，诗人谢灵运上山去除木屐的前齿，下山去除后齿，以使身体始终处于平衡状态，人们把这种屐称为"谢公屐"（《南史·谢灵运传》）。唐代诗人李白《梦游天姥吟留别》云："脚著谢公屐，身登青云梯。"由于隋唐文化对日本的影响，木屐至今仍保留在日本人民的生活中。男女木屐的区别在于外形上，晋人干宝《搜神记》中记载，男式木屐大多是长方形，而女式木屐的两端都做成圆形。

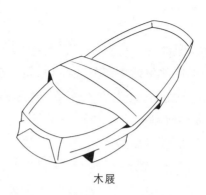

木屐

　　隋唐两代,由于受南北朝风习的影响,同时由于世风的开放和尚武精神的流行,此时的男女、士庶、胡汉均以穿靴为尚。靴在我国起源甚早,早在新石器时代的遗址中,就已出现了短靴型的陶器,在商周时代的考古遗址中,也曾发现过靴或与靴有关的文物。其传入中原的历史也十分悠久,自战国赵武灵王时就已成为赵国军士的戎服。传入中原后,其形制有所变化,直至唐朝初年,中书令还对其形制加以改变,并对靴面加以精巧的装饰。此时靴的形制除长靿和短靿两类外,还有圆头、尖头、平头、翘头之分,有软底、硬底、薄底、厚底之别。长靿靴为朝服。唐玄宗时,高力士为醉酒的李白脱靴,自然是长靿靴,所以才那么费劲(《新唐书·文艺》)。李光弼在平定安史之乱时,将刀藏于靴内,随时准备自杀,以免被俘受辱(《新唐书·李光弼传》)。可见,无论朝服、军服,各类官员都穿长靿靴。总的看来,男子穿靴十分流行,一般妇女穿靴则不多,只在宫女或歌舞伎中较流行。在靴的颜色上,男靴崇尚黑色,女靴则时兴红锦色。鞋在隋唐时期也较为流行,不过此时官员上朝时都穿靴,所以鞋只是官员在闲暇时所穿或为百姓日常所穿。

从五代开始,中国妇女中出现了缠足的习俗。缠足妇女所穿之鞋,一直以纤小为尚,俗称"三寸金莲"。弓鞋就是当时妇女所穿的一种小头鞋。这种鞋一般都由穿者本人根据自己小脚的宽窄长短制作,鞋面通常绣有梅枝、桃花、蝴蝶、蝙蝠等精美的图案。与这种鞋相配套的,是一条长长的裹脚布,缠足妇女用长布将脚裹得紧紧的,末端用针线缝牢固定,数天才拆洗一次,外面套上袜子,最后穿弓鞋。缠足实际上是一种摧残妇女肢体的行为,幼年缠足时让女性备感痛苦,长大成人后,双足犹如钉上脚镣,终身步履蹒跚,行走不便。缠足这种恶习从五代开始,直至1912年南京临时政府总统孙中山发布法令禁止缠足,这一陋习才被逐步革除。

弓鞋

宋代鞋的品种甚多,从其材料来说,有布鞋、皮鞋、草鞋、棕鞋、丝鞋、藤鞋、木鞋、麻鞋、芒鞋、珠鞋等;从其形状来看,有方履、弓鞋、金莲、凫舄、平头鞋、小头鞋、系鞋、宫鞋、金缕鞋等;从其功能来看,又有凉鞋、暖鞋、雨鞋、睡鞋、拖鞋等。宋代

男子的鞋,鞋帮前部有一条捏缝而成的竖梗,也有捏二梗的,鞋头或尖或方或圆;女子的鞋制作得更为精巧,鞋头样式也富有变化,并饰以精美的图案,艺术效果很好。元代衣冠制度不甚严格,履制更为宽松,人们可以根据爱好、季节和场合,穿着不同的靴、鞋、履等,其中最为流行的是各式革靴。元代靴形制较为简单,一般不加装饰,质朴实用。这是与蒙古族的文明程度相适应的。

明清时期,出于加强中央集权的需要,各项制度完备而严密,履制也不例外。各类官员上朝时一律穿朝靴,不得穿履、鞋。此时期的朝靴制作也颇为讲究,多用质地厚实、表面富有光泽的缎子制成,在靴头和靴根部分镶嵌各种形状的皮革,既

明清靴子

美观又牢固。靴头为方形,所以又称"朝方靴"。因为古人认为天是圆的,地是方的。靴头代表天,为圆形;靴底代表地,为方形。一般百姓则不许穿靴,而只能穿 一种有筒的皮履。边塞地区的人们则可穿用牛皮制作的直缝靴。绅士中比较流行的穿着是"福之履",式样端庄肥阔、古朴大方。

妇女所穿之鞋多以彩缎制成,色彩较为鲜艳,鞋帮两侧

多绣有各式花样。缠足妇女所穿的弓鞋,发展到明清时期,有了一些新的变化,其中,最明显的特征是普遍采用高底,有平跟和高跟两种形式。平跟鞋以黄色回纹锦为面,其上施以彩绣,鞋底成平面形,多以多层粗布缝纳而成;高跟鞋则在后跟部分衬以木块。弓鞋之所以制成高跟,旨在展示自己双足的纤小。与汉族妇女的弓鞋相比,满族妇女由于保持着健康自然的天足,其鞋显得特别宽大。他们平时穿各式平跟的鞋子,盛装时则穿一种高跟的花盆底鞋。由于穿这种鞋不易保持身体平衡,所以,走路时速度较慢,比较适合中青年妇女穿着。

除了鞋之外,古人也在足上着袜。人类最初是赤足行走,后来人们为了防御风寒,避免砂石、荆棘的摩擦伤害,保护脚掌,便以一块兽皮或树皮包裹在脚上,以后演化成包脚布,进而发展成为袜子。据尚秉和《历代社会风俗考》研究,从先秦至魏晋,人们很少穿袜,登堂脱履后即徒跣。《左传·哀公二十五年》说,春秋褚师声子未脱履而登席,卫出公大为不满,褚师声子反复解释说:"我脚上长有脓疮,你见了就会呕吐。"由此可见,春秋时期人们是不穿袜了的。如今所见到的布帛之袜,最早出现在西汉。其中,包括丝绢袜和麻布袜等。这个时期的布帛之袜,形制较为简单,一般多为平头,有根,袜筒较短,后有开口,并缀有袜带,穿着后系于踝部以防脱落。整个袜子用一块布剪成对称形状,缝合即成。到了东汉,袜子在选料、制作方面比以前讲究,此时出现了用彩锦制成的袜,如新疆民丰汉墓出土的一双女袜,用黄、白、绛紫三色丝线交织成菱文"阳"字,质地柔软而轻薄;袜的造型上下直通,没有后跟,袜头呈圆形。同墓出土的男袜则以红色织金锦织成,其上饰有各

种图案和用宝蓝、白色、绛色及浅橙等彩丝织成的"延年益寿大宜子孙"等汉字文句。男袜在造型上也与女袜有所不同,除袜头为圆形外,还制有后跟,袜筒的上端饰有一道用织锦制成的金边。

隋唐五代士庶男女所穿的袜子,以绫罗制成者为多。宫娥舞伎所穿之袜,则以彩锦制成,并饰有精美的图案。《中华古今注》云:"至隋炀帝宫人,织成五色立凤朱锦袜靿。"可见被誉为"百鸟之王"的凤凰图案,不仅被用于宫娥们的衣裳,还用在了她们的袜筒之上。据载,杨贵妃死时,曾遗下一只这样的彩锦之袜,被当地一个开店的老妪拾到,毕竟是老板,有点"经营意识",这位老妪便利用人们的猎奇心理,借助于贵妃本人的传奇色彩,做起了这只锦袜生意,凡过客借玩一次,需付百钱,店妪因此而成了"暴发户"(唐李肇《国史补》)。

这一时期的锦袜实物也有发现。如1968年新疆吐鲁番阿斯塔那唐墓出土的一件锦袜,用花鸟纹锦织成,上用橘红、黄、白、宝蓝、酱紫、秋香等多种颜色的彩线构成图案。这是一件迄今所发现的年代最早的表现中原风格的斜纹纬锦实物,其年代为大历十三年(778年)。入宋以后,民风淳朴,穿锦袜者日趋减少。即便是贵族阶层,也是偶有为之。因为在人们心目中,锦是一种珍贵之物,纺织者辛勤织造千丝万缕,颇为不易,踩在脚下非常可惜。因而在当时,穿锦袜被视为奢侈之举。宋初名将曹翰曾因穿着一双锦袜和一双丝袜而遭到人们的讥讽。宋人陶谷《清异录》卷下:"曹翰事世宗,为枢密承旨。性贪侈,常着锦袜、金线丝鞋。朝士有托无名子嘲者。诗曰:'不作锦衣裳,裁为十指仓。千金包汗脚,惭愧络丝娘。'"宋代缠足之风盛行,因而妇女之袜多被做成尖头,头部朝上弯曲,呈翘突式。如元人刘庭信《戒嫖荡》词:"身子纤,话儿甜,曲弓半弯罗袜尖。"此时期的缠足妇女除了穿有袜底之袜外,还流行穿无底之袜的习俗,这种袜子没有袜底,只有袜筒,因为足部已有缠脚布系裹,无需重复。使用时包裹在小脚的下部,最长也不过膝盖,因称"膝袜"或"半袜"。

明清时期的女袜,其形制与宋元时期大致相同。冬天除穿半袜之外,还有在缠脚布之外加罩上袜底的,俗称"套袜",也有称"袜套"的。这一时期的男袜,质料多种多样,根据季节的不同来选用:春秋之际以穿布袜为多,所用颜色以白色为主,通常称为"净袜";深秋以后以穿毡袜、绒袜为主,这些袜子都以柔软的羊毛织成,也用白色;寒冬腊月时分,则主要穿皮袜;至于夏季,一般多穿暑袜,以棉麻织物为之,质地轻薄而疏朗,透气效果好,因只在夏天穿着,俗谓"暑袜"。

二 服饰与礼仪

　　人来到这个世上时，是赤条条的，但自生命降生以后，便被服饰包裹起来，一直到穿戴齐全地从这个世界消失。就社会性而言，服饰是人一生之中仅次于食物的一大生活要素。从出生开始，父母就把对于孩子的殷切希望寄托在孩童的穿着打扮上，在随后的成年礼、定情礼、婚礼、葬礼等几个具有里程碑意义的仪式里，服饰最引人注目，并且也最容易烘托主题、渲染气氛。可以说，在人生礼仪的民俗事象中，服饰不可或缺。

婴幼儿期服饰

自婴儿呱呱坠地时起,服饰就将伴随其一生,年龄以及地域的区别使得人一生的服装会有很多的变化。新生儿的降临不仅使父母满心欢喜,也让他们对这个小生命的诞生充满了无限的希望,这样的心情就直接表现在父母对孩童的穿着打扮上。《诗经·小雅·斯干》中就有"乃生男子,载寝之床,载衣之裳,载弄之璋。……乃生女子,载寝之地,载衣之裼,载弄之瓦"的说法。这里的意思是说,男孩生下来,就会给他穿上裙子作为礼服,让他在床上玩弄玉制的礼器,强调男孩一降生就要让他了解礼仪;而女孩一生下来,就会给她穿上胞被,让她在铺在地上的席子上玩陶纺轮,就是让女孩一出生就明白自己要会女红。可以看出当时家长们对于生男还是生女看得很重,从孩子的穿着打扮上可以看出一家人心里的状态。在《镜花缘》第六十二回里还有这样一则故事,苏洵的夫人生了一个女儿,他邀请老朋友刘骥去家里喝喜酒,没想到刘骥因为喝多了就随口作了一首叫作《弄瓦》的诗:

去岁相邀因弄瓦,今年弄瓦又相邀。
弄去弄来还弄瓦,令正莫非一瓦窑?

这里的"弄瓦"是指祝贺人家生女孩,"令正"是对对方妻子的敬称,"瓦窑"是指夫人生了很多女孩。这首诗虽然是刘

骥醉酒之后的胡话，但也显示出当时的社会风气，对男孩比对
女孩要看重得多。这种习俗在现代社会看来是不合时宜的，
而在当时因受到儒家思想的影响，成为家家户户都默默遵循
的传统观念。

在各式各样的儿童服中，以虎头帽、虎头鞋最为有名，也
是专属于童装的服饰。虎头帽，顾名思义，就是以老虎头的形
象制作的帽子。在原始社会，人们常用令人畏惧的力量作为
本族的图腾，老虎就是其中的一种。这种图腾精神不断地传
承延续，伴随着丝织工艺的发展，虎头的形象也被安放在帽子
上，这无疑是长辈们对孩子们的殷切希望，希望他戴着虎头帽
能够像老虎一样虎虎生风、威风凛凛。在古代，长辈们为孩童
制作虎头帽也有消灾避邪以保护他们的寓意。

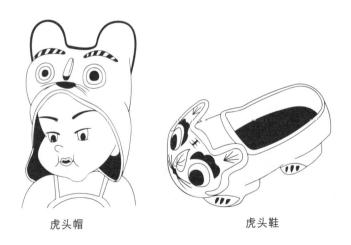

虎头帽　　　　　　　　　　　　　　虎头鞋

时至今日，虎头帽、虎头鞋的制作工艺大部分地区已经失
传，而河南商丘的柘城县还保留着这样的传统手工技艺。这
种绣制工艺相当复杂，经过反复的穿插与缝合，大约需要一周

的时间才能完成一个虎头帽的制作,而一双虎头鞋的制作也需要三到四天。虎头帽除了在头部的正面缝制出老虎头的形象之外,其他空白处都要加上各种装饰的元素,花鸟虫鱼都可以被绣制上去。所以虎头帽与虎头鞋的样式千变万化,各式各样,是非常精美的手工艺品。儿童帽不仅有虎头,还有猪和猫的形象,民间有"小子穿三年猪,阎王爷看了哭;闺女穿三年猫,阎王爷见了嚎"的说法。童鞋的形式也较为丰富,除了有虎头鞋之外,还有青蛙头鞋、鲤鱼头鞋、孔雀头鞋等。

古代儿童服饰除了虎头帽、老虎鞋等首服、足衣之外,还有穿在身上的百家衣、屁股帘和佩戴在颈子上的百家锁等。百家衣也叫百岁衣或百衲衣,是典型的民俗服装。长辈们希望孩子能够平平安安地长大,向周围的乡亲们讨要零碎的布料,这样缝制起来的衣服会显得吉利,孩子们穿上这样的衣服会长命百岁。因为从每家每户讨来的布帛在质料和颜色上都不尽相同,所以需要精心地选择,在众多颜色之中要数蓝色最好,原因是"蓝"与"拦"同音,可以拦住各种鬼怪,孩子就不会

百家衣

被带走。通过将各种拼接好的布料进行折叠与缝制，最终制作出来的衣服颜色丰富，形式多样，非常适合孩子们穿。鲁迅在《且介亭杂文末编·我的第一个师父》里说道："还有一件百家衣，就是'衲衣'，论理，是应该用各种破布拼成的，但我的却是橄榄形的各色小绸片所缝就，非喜庆大事不给穿。"

在一些地区人们认为百家衣是穷人们穿的衣服，穿在自己的孩子身上就显得"命贱"，各种疾病都不会缠身。陆游在《书感》中这样写道：

> 寥寥千载见亦稀，庄屈已死吾畴依？
> 哀哉穷子百家衣，岂识万斛倾珠玑。

屁股帘是童装中一种独有的形式，孩子们小的时候总要穿几年开裆裤，但入秋之后天开始变凉，孩子们就会觉得很冷，这时候长辈们就会在小孩的腰间系一块布，垂在腰后，挡风保暖。屁股帘的用料类似于百家衣，用方块形或者菱形的布料拼接缝制而成，这样孩子们在冬天的时候就不会受冻导致生病。

百家锁与百家衣的寓意相同，都是为了祈求孩子们健康成长而制作的。各个地方的百家锁的制作方式各有不同，江南地区的就十分有趣，家长将包有107粒白米与七叶红茶的纸包发给邻里乡亲，收回的时候这些纸包里就只有铜钱，根据亲属关系的远近钱数略有不同。家长再将这些铜钱熔化后制成小锁挂在孩子的脖子上，正面刻上"百家宝锁"，而反面则刻上"生命宝贵"。这种方式在北京也很流行，只不过锁面上刻着"化百家锁"。在华北地区，孩子出生之后，家长们向邻里街坊讨要七色的彩线和七枚铜钱，用彩线将铜钱穿起来，挂在孩子

的脖子上，称作"长命锁"。明清时期，佩戴银制的百家锁非常流行，其样式也不拘一格，各有千秋。麒麟百家锁就是其中之一，整个锁体被制成麒麟状，有的还加上童子骑在麒麟背上的图案，整个锁体非常精致，细密的麒麟甲都可以看得清清楚楚，有些麒麟锁下方麒麟的蹄子上悬挂了四个铃铛，孩子们戴着它玩耍就会发出清脆的声音。瑞兽百家锁会将锁体制作成兽首的形象，耳朵竖直向上，同时用于吊挂锁链，两颗圆形的凸起是眼睛，炯炯有神，整个锁体形态如祥云，精雕细琢，不失严肃庄重的气势。

百家锁

另外，还有一种百家锁的形态很像蝙蝠，中间有三角形的头，双翼张开，翅膀末端连接着锁把，构思巧妙，栩栩如生。因为蝙蝠的"蝠"字与"福"同音，所以这样的百家锁也经常使用。

婴儿在出生百日之后要举行庆贺礼俗，祭拜王母，供奉素食。同时还要为婴儿剃发，在孩子脑门上留下一撮头发，叫作"百岁毛"或"孝顺发"，人们都认为留这种百岁发的孩童更好养活。剃完发的孩童要穿着五彩斑斓的上衣和裙子，由老太太抱着，其他人打着伞，大家围绕着街巷走上一圈，意思是孩子打小就见过大世面，以后可以经得起风雨。这种风俗在我国大部分地区都有，在北方尤为盛行。

《红楼梦》描写贾宝玉一生下来，嘴里就含着一块玉，长大后这块玉就一直带在身边，在第八回里，宝玉拿着宝钗的金锁，看到里面刻着"不离不弃，芳龄永继"八个字，这也为后来他俩结为连理埋下了伏笔。《红楼梦》的第三回中描写了少年贾宝玉的形象："头上周围一转短发，都结成小辫，红丝结束，共攒至顶中胎发，总编一根大辫，黑亮如漆，从顶至梢，一串四颗大珠，用金八宝坠角；身上穿着银红撒花半旧大袄，仍旧戴着项圈、宝玉、寄名锁、护身符等物；下面半露松花撒花绫裤腿，锦边弹墨袜，厚底大红鞋。"通过这段描写我们可以清晰地看出贾宝玉少年时候的装扮。

儿童服装寄托了父母对于孩子殷切的希望，虽然孩子们在慢慢长大的过程中可能不会记得这些衣服，但这些衣服却充满了寓意，在长辈的眼里，正是这些服装使得孩子顺利成长。呱呱坠地的孩童们穿上这些衣服，从此正式步入了礼仪社会。

成年礼服饰

成年礼是孩子与成人之间标志性的界限，也是青年人有能力进入社会的象征。时至今日，一些少数民族仍很好地沿袭了成年礼仪式的传统。有些地方的仪式十分隆重，并且在

仪式中对孩子们设置一些考验环节。这些都是长辈对于孩子的严格要求,希望他们可以有担当,有责任心,能够成熟地进入社会。《礼记·冠义》中说:"成人之者,将责成人礼焉也。责成人礼焉者,将责为人子、为人弟、为人臣、为人少者之礼行焉。将责四者之行于人,其礼可不重欤?"行成人礼的人,表明即将步入成年进入社会,需要有责任、懂礼数。

西周起,有"五礼"之说。"五礼"就是古代的五种礼制,其中包含吉礼、凶礼、军礼、宾礼和嘉礼,成年礼属于嘉礼中的一种,也叫成丁礼,包括冠礼与笄礼。冠礼是男子到了20岁步入成年而进行的加冠礼仪。这里冠指的是一套礼服的意思,在古代一般用帽子作为礼服的主要标志。《礼记·曲礼》云:"男子二十冠而字。"意思是男子到了20岁就可以行加冠礼(即成年礼),同时可以赐字。"弱冠之年"里的"弱冠"也是指男子刚满20岁,到了成人的年龄。汉代刘向《说苑·修文》中对于男子行冠礼的意义有明确的表述:"君子始冠,必祝成礼,加冠以厉其心"。

在行加冠礼时,依次给冠者加缁布冠、皮弁(biàn)和爵弁三种冠。缁布冠是用黑布搭成的帽子,皮弁用皮革制成,在皮革拼接的缝隙处镶上珠宝,"弁"就是指尊贵的帽子,在男子穿礼服的时候穿戴。

爵弁最为尊贵,外形上不同于前面两种帽子,在顶上有板状物,类似于冕但比冕次一个级别。"爵"通"雀",冠的颜色与雀头相近,因此也叫"雀弁",用丝帛或者葛布制作而成。《仪礼·士冠礼》中有对爵弁的描述:"爵弁服:纁裳、纯衣、缁带、韎韐。"郑玄注:"爵弁者,冕之次,其色赤而微黑,如爵(雀)头然。或谓之缌。其布三十升。"

皮弁

　　与男子行冠礼相对,女子的成年礼叫作笄礼。《礼记·杂记》记载:"女子十有五年许嫁,笄而字。"可以看出女子一般在15岁的时候行笄礼,如果没有嫁出去,最迟要在20岁的时候再行笄礼。《朱子家礼·笄礼》说得更为清楚,女子许嫁,即可行笄礼。如果年已十五,即使没有许嫁,也可以行笄礼。笄礼由母亲担任主人。笄礼前三日戒宾,前一日宿宾,宾选择亲姻妇女中贤而有礼者担任。"笄"指的是发簪,在举行笄礼的时候冠者也要二次加笄,在没有行礼之前,女子穿采衣。《仪礼·上冠礼》记载:"将冠者,采衣,紒。"郑玄注:"采衣,未冠者所服。"在第一次进场加笄的时候,冠者换襦裙,正宾为冠者梳头,戴上笄。经过行礼祝贺等一系列流程之后,再换发型戴上钗,穿曲裾深衣,等行过礼之后赞者再帮冠者换上正式的广袖礼服,佩戴凤冠。三次加笄之后笄礼才算完成,女子的发型在笄礼前后差异非常明显,在未成年的时候,女子的发髻非常简单,也常用丝布捆扎,行成年礼之后就会改变发型,插上发簪。以至于在今天的很多地区,女子结婚前后的发型有很大变化。

　　一般说来,男子20岁行冠礼,女子15岁行笄礼。但这并不是绝对的年龄限制,对于很多君主来说,为了继承大统很早就行冠礼,并且早婚早子。《左传》就有记载:"国君十五而生子,冠而生,礼也。"公元前247年,秦始皇13岁时就已经继承皇位,一直到22岁才在雍城举行了成人礼仪式。汉景帝为了及早确定皇位继承人,也让汉武帝在16岁就举行了加冠仪式。宋代司马光在《书仪》提到,男子在12岁到20岁之间,只要没有父母过世需要服丧,都可以行冠礼。同时他还依据当时的风俗习惯,把三加之冠做了改动,将原来的缁布冠、皮弁和爵弁改成更加接地气的巾、帽和幞头。

　　在今天仍然有一些少数民族保留着成年礼的习俗,基诺族就是其中之一。基诺族人非常重视成年礼,将其作为人生中最重要的转折点。女孩到了15岁的时候,需要梳一条长长的辫子,换上绣有月亮图案的衣服,腰间的围裙也会由单层换为夹层,背上有月亮花纹的挂包,算是完成仪式。男孩将帽子换成头巾将头发包住,背上父母送的彩色挂包,算是完成成人礼。经过这样的仪式,男女青年才享有恋爱的权利。

　　四川省凉山彝族少女的成年礼很有特色,她们要举行换裙仪式,彝语叫作"沙拉洛",意思就是脱掉童年时期的裙子,换上成年的裙子。彝族人将这个仪式看得与出嫁一样重要,视为人生的转折点。少女到了15岁或17岁就可以举行成年礼仪式,大多选在单岁的时候换裙子,在彝族人看来,双岁的时候换裙子会让人生变得多灾多难,很不吉利。成年礼仪式非常隆重,自然也有许多规矩。仪式中不允许任何男人在场。女子在仪式前需要梳一条辫子,穿上红白两色的二接裙,裙边镶有粗细两条黑色的布边,双耳挂着穿耳线。在换裙仪式开始之后，少女就会穿上红色、蓝色和黑色的三接或四接长筒百褶裙，原来梳的单辫变成双辫，并戴上花边黑色头帕，会买许多银饰品挂在耳垂、脖子或者胸前。在换裙仪式结束之后，女子就可以自由地逛街、看赛马、谈恋爱了。对于她们来说，成年礼的重要性不言而喻。

彝族成人礼服饰

岜(bā)沙是位于贵州省从江县的一个苗寨，属于苗族的一个分支，共有400多户人家，大约有2200人。岜沙苗族的成人礼有着非常悠久的历史，与苗族其他地方相比，最大的区别在于岜沙男子的发式上。岜沙男子从两岁以后就开始蓄发，就是头顶中央留一撮头发，让其自然生长，其余地方都剃干净。等孩子到15岁的时候，就会为他行成人礼仪式。在仪式

当天，母亲会为孩子准备好要穿的成人礼服，父亲将孩子头顶四周的头发都剃干净，再把中间的留下来的部分挽成团，岜沙人称之为"户棍"。父亲用白花帕子在孩子的额头上方包成一圈，再给他换上新衣服，整个仪式就完成了。整个仪式中所有人都必须穿本民族的服装，以黑色或者蓝色为主体，并以少量的单色点缀。相对来说，女子的成人礼就简单很多，穿上白边裙就可以了。相传很久以前岜沙的一个老人救了一只老虎，老虎为了感激他就打算不再吃岜沙人，老虎托梦和老人说，请岜沙的男子都留着发髻，女子穿上白花裙，这样就能与其他人区分开，以免被吃掉。这个故事代代相传，"户棍"与白边裙也就成了岜沙成年礼的主要组成部分。

苗族岜沙成人礼服饰

丹巴县位于甘孜藏族自治州的东部,古时候称丹巴地区为"嘉莫·查瓦绒",简称"嘉绒",意思是女王的山河,实际指的是墨尔多神山周围的区域。嘉绒藏区的成年礼仪式很有特点。当男孩出生的时候,就将毛铁埋在地里,毛铁就是刚出炉还没有进行锻造的熟铁。每当男孩长大一岁,就将毛铁从地里取出锤炼一次,并且修筑一层碉堡,直到男孩长到18岁的时候,碉堡已经有18层高,毛铁也被锤炼了18次,变成了钢刀。这时候就要举行非常隆重的成人礼仪式,德高望重的"寨老"将钢刀赐予男子,男子要登上碉堡顶端进行祈祷。经过这样的仪式男子就算成年了,可以成家立业。随着战乱不断,嘉绒藏族这种成年礼的习俗慢慢衰落,直至消亡,而女子的成年礼仪式却一直传承至今。女子到17岁的时候才能行成人礼,时间并不固定,也可以推迟举行,但不能早于17岁。仪式开始的时候人们都要聚集到碉堡下面,参加仪式的女子要精心地梳洗打扮,左右两鬓各梳三条细细的辫子,额头处戴一圈黑色的头带,上面镶上珍珠玛瑙和玉石。头带的一侧会吊上缨子,头顶的辫子盘起来,串上金银做的发箍,上面镶有各种珊瑚、玛瑙和蜜蜡,显得清爽大方又不失尊贵典雅。辫子相交的地方会插上发簪,在戴上耳环换上盛装之后,"寨老"宣布仪式开始,大家一起向女子致贺词,父母长辈们给女子献上哈达,表达对她们的祝福。成年礼进行到高潮时,男女会排成两排,载歌载舞,尽情享受迈入成年的喜悦。

成人礼是孩子们走向成年的标志,但汉族自古流传下来的成人礼是束冠文化,而满族男士平时留辫不戴帽,两种文化互相冲突,清政府遂禁止了成人礼。虽然大部分的成人礼都已经销声匿迹,但仍有一部分被很好地保留下来。作为成人

礼重要的组成部分,服装彰显出独特的魅力,展示了各地区人们的生活习俗和文化,为我们今天了解成人礼提供了翔实的资料。

藏族少女成人礼服饰

定 情 服 饰

"定情"一词出自东汉繁钦的《定情诗》。这首诗描写了一位年华正好的少女爱上了自己的如意郎君,他们相约在东山的一个角落相会,然而男子却没有如期出现,女子焦急地等待,独自在花间踌躇,黯然神伤。当女子老去的时候,容貌变

得丑陋,为失去自己相爱的人感到非常伤心。这首诗中详细地描写了女子定情时的服饰装扮:

> 何以致拳拳? 绾臂双金环。
>
> 何以致殷勤? 约指一双银。
>
> 何以致区区? 耳中双明珠。
>
> 何以致叩叩? 香囊系肘后。
>
> 何以致契阔? 绕腕双跳脱。
>
> 何以结恩情? 珮玉缀罗缨。
>
> 何以结中心? 素缕连双针。
>
> 何以结相于? 金薄画搔头。
>
> 何以慰别离? 耳后玳瑁钗。
>
> 何以答欢悦? 纨素三条裙。
>
> 何以结愁悲? 白绢双中衣。

这首诗的意思是:如何表达我的相思之意呢?缠绕在手臂上的一对金环。如何表达我对你的殷勤呢?戴在手指上的一双银戒指。如何表达我的真诚呢?戴在耳朵上的一对明珠。如何表达我的真挚呢?系在我肘后的香囊。如何表达我们之间的亲密之情呢?套在手腕上的一对手镯。如何维系我们的感情呢?用缀着罗缨的佩玉。如何将我们的心连在一起呢?用白色的丝绒织成的同心结。用什么表达我们的交好之情呢?用金箔制的搔头。用什么慰藉我们的离别之情呢?用我耳后的玳瑁钗。用什么报答你对我的欢悦呢?用有三条绦丝带的长裙。用什么连接我们的悲愁呢?用缝在内衣里的白绢。

由这首诗可以看出,中国古代的定情信物一般有臂钏、戒

指、耳环、香囊、手镯、玉佩、裙等。

臂钏就是女性缠在手臂上的装饰物，绕成螺旋的形状，所绕圈数不等，少的有3到8圈，多的则有12、13圈，形状与弹簧类似。繁钦《定情诗》中"何以致拳拳？绾臂双金环"的双金环指的就是臂钏。臂钏也叫作"缠臂金"，苏轼在《寒具》中写道："夜来春睡浓于酒，压扁佳人缠臂金。"它另有一个名字叫作"条脱"，宋代吴曾在《能改斋漫录·辨误》中写道："文宗问宰臣：'条脱是何物？'宰臣未对，上曰：'《真诰》言，安妃有金条脱，为臂饰，即金钏也。'"周昉的《簪花仕女图》和阎立本的《步辇图》中都非常清晰地表现了当时佩戴臂钏的女子的形象，明代梁庄王墓中挖掘出来的臂钏，重约292克，用金带围绕成12圈。南京太平门外曹国山出土了明代的金条脱，共绕了13圈，从头至尾拉直后超过2米，头尾各设有套环，以方便调节松紧。臂钏分为花、素两种风格，在臂钏上雕刻花纹的叫作"花钏"，纯金色不刻花纹的称作"素钏"。湖南南宋墓出土的臂钏是银制成的，"卷作十来个圆圈，外表饰浮雕式梅、菊、葵花和牡丹图形"。

戒指是戴在手指上用来装饰的指环，其中"戒"是"避忌"的意思。戒指又称"手记"，明代刘元卿的《贤奕编·闲钞下》云："古者，后妃群妾，进御于君，所当御者，以银环进之，娠则以金环退之。进者著右手，退者著左手，即今之戒指，又云手记。"据《说文》记载，戒指也称为"约指"和"代指"，"约指"就是缠在手指上的环。"代指"的意思是后妃来月经的时候，为了避免和皇帝直接说，就将指环戴在手指上，"代"就是代替的意思。古代女子未出嫁之前是不戴戒指的，因为戒指是非常重要的定情信物。《太平广记》卷三百四十中记载了这样一个故

事:唐德宗贞元年间,有一个书生叫作李章武,他和华州的王
氏子妇相恋。两人在分手临别时,王氏子妇赠给李章武一个
玉指环,并送给他一首诗:

> 捻指环相思,见环重相忆。
> 愿君永持玩,循环无终极。

戒指

　　过了一段时间,李章武再去华州寻找王氏子妇时,却发现
她已经因过度忧思而过世了,两人的灵魂遂在王氏宅中相会。
这也是作者对于他们爱情获得圆满结局的美好夙愿。在通信
不发达的古代,戒指作为寄托了人们相思之意的信物,具有非
常重要的意义。

　　耳环又叫作"珥",是人们戴在耳朵上的装饰物。《后汉书·
舆服下》记载:"珥,珠在珥也。耳珰垂珠者曰珥。"耳环又作
"珰",《玉台新咏·古诗为焦仲卿妻作》中有"腰若流纨素,耳著
明月珰"的诗句。在古代社会,起初女子戴耳环并不是追求美
的表现,相反会被人们认为是卑贱的人,田艺蘅所著《留青日
札》这样描述:"女子穿耳,带以耳环,盖自古有之,乃贱者之
事。"在当时女子穿耳洞、戴耳环并不是出于自愿,而是被迫的

行为,这是为了提醒女子生活要检点,行动须谨慎。这种社会现象一直到了宋代才慢慢有所改变,人们逐渐流行起穿耳洞、戴耳环,这种风气很快就弥漫到宫廷内部,皇后嫔妃们都开始追求以佩戴耳饰为美。明末清初的文学家、戏曲家李渔在《闲情偶记·声容部·治服第三》中写道:"一簪一珥,便可相伴一生。此二物者,则不可不求精善。"女子出嫁的时候打扮得非常艳丽夺目,一个月之后就需要卸去装饰,只留着一只发簪和一对耳环就够了,这也充分说明了耳环在人们心中有着非常重要的地位。

耳环

香囊在古代也叫作香包、香袋、荷包等。从先秦时期开始人们就开始佩戴香囊,据《礼记·内则》记载,青年人见父母的时候,需要佩戴编织的香囊,以表示敬意。

香囊更多的寓意寄托在男女的情感方面,在传统的概念中香囊多指定情信物,女子佩戴香囊也表示自身已有归属。唐代张祜的《太真香囊子》中有这样一段描写:

蹙金妃子小花囊,销耗胸前结旧香。
谁为君王重解得,一生遗恨系心肠。

香囊

这首诗里描写的故事源自唐玄宗时期。公元756年,安禄山发动叛乱,杨玉环在流亡途中死于马嵬驿。唐玄宗以杨玉环的死来摆脱战乱的罪责。收复西京之后,唐玄宗想把杨玉环重新安葬,在白骨之中只发现一个香囊。老泪纵横的唐玄宗望着香囊,点滴往事重新映入眼帘。后来张祜因十分感慨这段往事,便将其写成诗并流传至今。从这个故事中我们可以看到,小小的香囊寄托了深深的相思之情,成为联系人与人之间感情的纽带,也是思恋之人无法割舍的精神寄托。

"何以致契阔?绕腕双跳脱。"繁钦《定情诗》中所说的"跳脱"是指手镯,北宋周邦彦《浣溪沙·争挽桐花两鬓垂》写道:

争挽桐花两鬓垂。小妆弄影照清池。出帘踏袜趁蜂儿。
跳脱添金双腕重,琵琶拨尽四弦悲。夜寒谁肯剪春衣。

这首诗描写的是女子嫁给了富贵人家,然而过得却并不幸福,而"我"至今也是形单影只,今昔对比,越来越感受到女子之好,心中也无比的酸楚难过。诗文对于女子嫁入富贵人家的描写,以"跳脱添金双腕重"这一句最为突出,而"双腕"处

于"添金"和"重"之间，也表现出女子心中的压抑之情，"添"字很好地表达了女子嫁为人妇之后身份的改变，也体现了她心中复杂矛盾的心理状态。佩戴手镯不仅能够反映古代女子的身份，也作为定情信物维系着男女之间的感情。蒲松龄的《聊斋志异·白于玉》记载："临行，出一金钏曰：'此闺阁物，道人拾此，无所用处，即以奉报。'"这里说的是书生吴生不经意间进入仙境，遇到一个紫衣仙女，两人惜惜相别之时，仙女将一个金手镯送给吴生做纪念。

玉佩自古以来就有非常重要的寓意，《礼记·聘义》记载了这样一个故事，子贡问孔子："请问君子为什么都非常重视玉，而轻视玟（wén，一种美丽的石头）呢？是因为玉的数量很少，而玟的数量很多吗？"孔子回答说："不是玟的数量多就轻视它，也不是因为玉的数量少就看重它，君子都是用玉来比作人的美德：玉温厚且润泽，就像仁一样；缜密且坚实，就像智一样；有棱角但是不会伤人，就像义一样；玉佩垂下的样子就好比有礼一样；轻轻一敲，声音清脆而悠远，萦绕空中就像音乐一样；既没有因为它的优点而掩盖了缺点，也不会因为它的缺点而掩盖了优点，就像人的忠诚一样；晶莹透亮，表里如一，就像人讲诚信一样；玉所在的地方，上面弥漫的雾气如白虹一般，就像与天相通一样；生产玉的地方，山水草木都非常丰美，就像与地相通一样；圭璋（贵重的玉制礼器）作为朝聘的礼物可以单独使用，不像其他的礼物还要附加品才能算数，这就是玉内含的美德起到了重要作用。天下没有人不看重玉的美德，就像没有人会不看重道一样，《诗经》里说：'多想念君子啊，他就像玉一般温文尔雅。'这就是君子看重玉的原因。"

孔子对于玉的这一番解释可以看出人们对于玉的喜爱并不是因为它很贵重，而是因为它的品格。玉佩不仅具有高尚的品格,还包含了深深的情意。"以玉缀缨,向恩情之结"(清王士祺《古诗笺》),就是说女子戴上玉佩,为心仪的男子挂上罗缨,以表心意。

玉佩

　　裙,又称下裳,在古代是男女同用的服饰。"纨素三条裙"(繁钦《定情诗》)指的是绢做的长裙。古代能穿上绢做的裙子的女子毕竟只是少数,大部分人穿的都是布裙。武则天在《如意娘》这首诗里将自己的相思之情都寄托在红裙之上:

　　　　看朱成碧思纷纷,憔悴支离为忆君。
　　　　不信比来长下泪,开箱验取石榴裙。

　　这首诗的意思是:因相思过度,恍惚迷离中将红色看成绿色,身体也因此变得憔悴不堪,如果不相信这是因为思念你所致,请打开箱子验证红裙上的泪痕。此诗写得情真意切,通过一条石榴裙展现了作者绵长的思念之情。
　　无论定情饰物是否贵重,都寄托了一段真挚的情缘,这种精神上的约定已经远远超过了其物质本身的价值。迷醉在爱情里的男女,赠上自己的定情信物,也就将自己的心愿告诉了

对方,这是情感上的寄托与信任。只要爱情没有消散在尘世间,定情服饰就会永葆青春,像潺潺的溪水一般,延绵不断。

婚 姻 服 饰

婚礼在古代称作"昏礼",因为婚礼大都在黄昏的时候举行,取其阴阳交替有渐之义。《仪礼·士昏礼》将婚礼分为六个部分,分别是纳采、问名、纳吉、纳征、请期和亲迎。在纳采时,男方家的使者就会身穿玄端服来到女方家,主人的服饰与宾客相同。待问名、纳吉、纳征、请期几个礼节过后,就到了迎娶之日。婚礼当天,新婿身穿爵弁服,下身穿带有黑色下缘的浅绛色裙,随从都清一色地穿着玄端服。《仪礼·士昏礼》中有这样的记载:"女次,纯衣纁(xūn)袡(rán),立于房中,南面。姆纚(lí)笄宵衣,在其右。女从者毕袗玄,纚笄,被纚黼(fǔ),在其后。"这句话的意思是:新妇梳理好头发后就要穿上带有浅绛色衣边的丝衣,向南站在房间里,女师(即古代掌管贵族女子教养养成和习得的女教师)需要用发簪和头巾束发,身穿黑色的丝织礼服,站在新妇的右侧,从嫁的娣侄(随女子一同出席婚礼的妹妹和侄女)都身穿黑色的礼服,带着发簪,以头巾束发,肩膀上披着绣着花纹的单披肩,跟随在新妇的身后。在婚礼仪式的进程中,新郎穿爵弁服、玄端礼服、缁袘纁裳、纁色韠(bì)以及赤色舄(xì)。新娘在婚礼时穿玄色纯衣纁袡礼服,去公婆家就会穿宵衣。

　　玄端,指的是古代人们所穿的黑色礼服,为上衣下裳制,玄衣所用布料有15升(古代计算布的密度用升为单位,1升为80缕),每块布料长二尺二寸(0.73米)。因古代布幅较窄,一块布并不破开,所以每幅布都是正方形,所以叫作"端"。《仪礼·士冠礼》记载:"玄端,玄裳、黄裳、杂裳可也。"就是指玄端用黑裙、黄裙或杂色裙相配都可以。虽然玄端服有各种颜色,但衣服上没有任何花纹,显得端庄肃穆,故称为"玄端"。《礼记·玉藻》记载"朝玄端,夕深衣",就是指诸侯、大夫,在早上穿玄端服,晚上穿深衣。周朝时,人们用玄色比喻天,黄色比喻地。所以玄端也有取天地之色的意思,称作玄衣黄裳。爵弁服是弁服中的一种,于冠礼、祭祀及亲迎等仪式中穿着。爵弁

玄端

是冠的名称,除了用在男子的冠礼上,新郎在婚礼上也会穿戴。与之搭配的衣服是玄色的丝衣及纁色的下裳。这里的玄与纁就是指黑色与红色,杨伯峻在《春秋左传注》中对"玄纁"二字的注解是:"此谓以红黑色与浅红色之帛作垫。""缁袘纁裳"指的是男子爵弁服的下裳部分,浅红色的下裳镶上黑色的裙边。"韠"指蔽膝,始于腰间,遮蔽于身前。"舄"是一种重木底鞋,是古代最贵重的鞋。"舄,以木置履下,干腊不畏泥湿也。"(晋崔豹《古今注》)周制婚礼的服饰偏向肃穆庄重,服饰的色彩也多用玄色与纁色。

唐代婚礼沿用了周朝规定的"六礼"程序,但婚礼的服装显得雍容华贵。婚礼之时平民所穿服饰可以向上越级,故男子可穿绛公服亲迎。绛公服为红色的公服,也称为"从省服",是品级较低的官员所穿的朝服,属于上衣下裳制。据《新唐书·车服》记载:"绛公服,以缦绯为之,制如绛纱单衣,方心曲领,革带钩䙓,假带,韈(wā),乌皮履。"由此可以看出,绛公服用粉红色的丝织而成,类似于深红色的朝服。男子穿衣时,为了让衣服更加熨帖,还在外衣领上罩了一个圆形的护领,腰间束上皮做的束衣带,挂上带钩,穿上袜子并配皮靴。女子的穿着与男子有较大区别,《新唐书·车服》说:"庶人女嫁有花钗,以金银琉璃涂饰之。连裳,青质,青衣,革带,韈、履同裳色。"女子头上戴有金银或琉璃饰的钿钗,穿着青色的深衣,由于深衣的上衣与下裳连为一体,故隐喻女子"德贵专一"。腰间束皮制束衣带,袜子与鞋的颜色与衣服相同。女子佩戴钿钗也有品级之分:"一品九钿,二品八钿,三品七钿,四品六钿,五品五钿。"

唐代婚服

　　明朝时,男子亲迎时的穿着可与九品官服相同,通体绿色,胸前缝制有补子,补子就是绣在胸口的一块布,文官绣飞禽,武官绣走兽,并且所绣动物也有明确的品级划分,文官自一品开始分品级绣上仙鹤、锦鸡、孔雀、云雁、鹭鸶、黄鹂、蓝雀等图案;武官可绣狮子、虎、豹、熊等图案。女子穿大红色的对襟大袖衫,头戴凤冠霞帔。凤冠就是古代贵族女子戴的礼冠,明朝时女子用作婚礼的凤冠极为华贵。皇后所戴冠饰有九龙四凤。位于北京昌平区的明定陵出土了四件凤冠,其中龙凤的数量各不相同。双龙置于凤冠两侧,口中各衔有一挂珍珠链,珍珠串成各种纹饰,包裹着黄金玛瑙。凤位于冠的正面,张开翅膀,在众玛瑙间嬉戏玩闹。霞帔为古时宫廷着装,造型

类似于一条长长的彩带,佩戴时将其绕过头颈,挂在胸前,它的正下方会系上一颗黄金或者玉石制成的吊坠。平民女子只有在出嫁时才可以穿霞帔,但在其上绣什么样的花纹是有品级之分的:受封号的女子,一品与二品可以绣上翟的纹饰(翟是一种长尾鸟),三品与四品可以绣上孔雀的纹饰,五品可以绣上鸳鸯纹,六品和七品则绣练雀纹,八品和九品绣缠枝花纹。明朝这种大红大绿的色彩搭配使得婚礼显得十分热闹,现代人对于华夏婚服的认识大部分源于此。

凤冠

我国少数民族的婚姻服饰也富有特色。

布依族服饰显得淡雅而庄重。男子穿对襟的短衣或者长衫,扎蓝白相间的头巾。女子穿右衽上衣与长裤。有时也着绣花边的短褂或者大襟短袄,下身穿蜡染的百褶裙,在举行重大仪式会配上各种银制首饰。新中国成立以前,布依族的婚姻都由父母包办,孩子刚出生不久父母就会为他们举行订婚仪式,到了五六岁时要举办婚礼,仪式格外隆重,俗称"背带亲"。待女子长大时（20岁至30岁），需要戴上"假谷"才正式告别娘家。"假谷"是一种冠，用竹笋壳编制而成，像风筝的骨架一般，再用白色与蓝色相间的蜡染布包在骨架上，冠体呈上大下小的梯形状，多余的蜡染布会从冠顶垂下，搭在双肩。戴上"假谷"就意味着女子再也不能像往常一样自由自在地生活，"假谷"也就成为了一种名副其实的枷锁，很多女子都不愿意戴，男方家的母亲或者嫂嫂就会事先躲起来，趁女子不备强行给其戴上"假谷"。

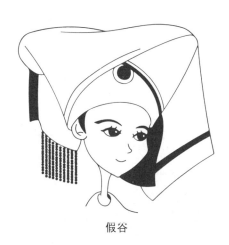

假谷

满族文化在浩瀚的历史长河中，与汉族文化慢慢地相互交融，其婚嫁习俗也悄然发生着改变，形成了一系列复杂的仪式程序。满族男女在17岁时才可以结婚，婚礼当天新郎头戴翻边毡帽，身穿长袍外罩对襟马褂，或着马蹄袖袍褂，腰间束衣带。长袍是日常生活中的便装，只有在包括婚礼在内的非常隆重的仪式上才在外面罩上马褂。新娘会将头发挽成单髻，盖上红色丝织绣花盖头，身穿红色的绣花旗袍，着对襟坎

肩。满族男女所穿婚服非常喜庆，均以大红色为主，袖口及衣缘镶有金色花绦纹。

虽然婚礼上的服饰应该显得喜庆华丽，但在一些少数民族中新人的衣服并不都是以红黄色为主的靓丽色彩，如侗族的婚服颜色就较为暗淡，男女服饰均以深紫色为主，男子穿对襟短衣，或者右衽无领上衣，戴头巾。女子上衣为无领大襟，俗称为"腕襟衣"，衣袖中部有装饰带将衣袖分为两节：自肩到肘这一段与衣服相连，为蓝色绸缎；肘到手腕处为织花布。腰间系有束带，下身穿百褶裙，裙长至膝盖下方，穿翘尖绣花鞋。婚礼当天，新娘会佩戴银钗、银冠。银冠呈圆柱形，上面镶有树叶与花的银饰物，冠底边缘挂有一圈罗缨。除此之外，新娘还佩戴有多层的银项圈、银手镯、腰坠和耳坠等，整副银饰物大约重3千克。

傣族男女结婚，男方需要到女方家办婚礼，婚礼当天男方会出动很多亲朋好友去女方家参加婚礼，一路上鞭炮齐放，锣鼓喧天，除了增加婚礼喜庆的色彩之外，也有驱走妖魔之意。新郎婚服一般都较为朴实大方，用布包裹头部，在额头一圈会用金色线条纹装饰，于右耳后扎一个结。上身穿无领的对襟短衫，上衣大部分为绛紫色，在领口、袖口及胸口会绣上金色的线条纹路。新郎会在胸前别一朵红花，用以显示自己的身份。腰间束有腰带，下身着无兜长裤，依旧是以绛紫色为主，只是有些会在裤管口处添加金色花纹。新娘的衣着很讲究，首先将长发挽成髻，用两条红丝带将头发扎紧，交叉于额前，再插上各种银发簪或者鲜花加以点缀，颈部戴有双层银项圈。上身着紧身内衣，颜色较为素雅，外面套上红色的对襟长袖衫，密布金色的花纹图案，领口呈黑色。下身穿红、黄、蓝相间的长裙,裙摆为黑色。傣族姑娘会在腰间系一根银色的腰带,这是母亲传下来的一种信物,姑娘爱上哪个小伙子就会将银腰带交给他。新娘的服装较新郎更为艳丽夺目、高贵典雅。

傣族婚服

　　水族新娘的装扮十分端庄美丽,长发或辫挽于头顶,成一对拳头大小的发髻,与龙舟相似,发髻四周插上七种银饰物,插在前端的银钗为"龙头",插在右侧的银钗为"定海针",插在中上部的银簪为"船帆",插在中下部的银簪为"揽素庄",插在尾部的银簪为"防盖",左右横插在发簪上沿的银簪为"船桨",斜插在发髻左侧的一只钗为"凤凰"。除了要插这七支银钗之外,还会在额前挂满雀羽银饰,走起路来,银饰物相互撞击,发

出悦耳的声音。银花是新娘出嫁时专用的银饰物,用银丝做成螺旋状,新娘走路时银花会不停地颤动。银花配上各种样式的银叶紧贴于发髻四周,十分精致。更有特色的是,新娘发髻顶端会插上一根银制三角钗,很像牛角,这也寓意着新娘在出嫁之后要像耕牛一般,勤劳善良。新娘在颈部需要戴上银项圈,依照大小不同,银项圈的类型也不尽相同。银项圈上的珠串有的为菱形状,有的在菱形基础上扭成麻花状,还有的由小圆环构成并刻着各种花纹图案。除了以上描述的这些银饰物外,新娘还要佩戴银扣、银手镯、银腰带、银压领、银耳环、银梳等。由此可见,银饰物对于水族服饰来说非常重要,特别是在重要的仪式上,银饰物更是必不可少的关键饰物。水族银饰物制作工艺之精良在少数民族中是极为突出的。

苗族新娘的服饰非常华丽,与水族婚服一样,苗族姑娘在婚礼时也会装扮各种银饰物。苗族银角的类型各不相同,西江一带的银角由底部分叉垂直向上,银角上装扮了双龙戏珠的图案,银角中央伸出13条方形的银片,组合起来成为扇形。西江的银角体积很庞大,整体高度超过了半个人的身高,堪称一绝。银项圈是颈部重要的装饰,分为圈形与链形。圈形用银条制成圆形并固定起来,不可活动,链型用小圆环逐个相连,并配上银花作为装饰。还有一种银套圈是将一圈银环重复叠加数次,再连接起来,连接处用细小的银线穿插固定,加上银制的小球做装饰。在举行像婚礼这样隆重的仪式时,苗族少女都会戴银帽,银帽四周镶有各种凤、蝶、鸟、雀,顶部插满了银花及银叶,帽檐坠有一根根吊穗,都用银链串联起来,新娘走起路来就会发出清脆的叮当声,显得格外妩媚动人。银耳环在众多的银饰物中种类最多,有钩型、圆环型、吊坠型等;另外还有各种以生物造型镶嵌其中的款式,例如有龙、凤、蝶、鸟等题材。这些生物被巧妙地镶嵌在圆形的银环内,制作精美,形态优雅。除了这些装束之外,新娘还会选择性地佩戴银花梳、银胸牌、银吊饰、银手镯、银衣片、银腰链、银扣、银背吊等饰物。可以说苗族人民对于银饰物极其喜爱,需求量也大得惊人,因此苗族的银匠业兴旺发达,成百上千的人从事银饰品加工,很多年轻一辈掌握的手艺都是一代代传承至今的。

苗族婚服

各民族的婚礼形式都各不相同,每个民族的婚礼都体现出他们独有的人生观和世界观。人生礼仪中包含了出生礼、成人礼、婚礼和丧礼,只有婚礼是人们历练成熟之后进行的

仪式，其余的仪式都无法在人们的脑海里形成深刻的印记，婚礼之所以到今天都备受重视，这是其中一个很重要的原因。

丧 葬 服 饰

当人行至生命的终点就会离开这个世界，古时对于死者的丧礼格外重视。

古人认为人有灵魂，为了让死者安息以及抚慰人们悲痛的心情，会为死者准备隆重的丧礼。丧礼有繁有简，不同的地区有不同的风俗，但大体上都会按照既定程序进行。《礼记·丧大记》对于丧礼的程序有着详细的记载：在人病危的时候，就要将屋子内打扫干净，为病人换上新衣服，在其嘴巴与人中处放上一些丝棉，方便观察病人何时断气。在病人断气之后，需要给死者沐浴更衣，按照死者的身份将死者安放于相应的地方，亲属需要为死者服丧一年。小敛（为死者沐浴、更衣）的仪式在室内举行；大敛（将尸体放入棺内）的仪式较为隆重，在堂前东阶处举行。古人认为只有大敛仪式举行完死者才算真正死亡。从此时起，除主人之外都要穿着丧服，亲属需要选择日期为死者安葬，出殡时亲属都要在场，根据与死者的关系远近所穿丧服略有不同。死者入葬结束之后大家需要返回庙中哭丧，之后死者的主要亲属开始守孝。

丧服就是为哀悼死者所穿的衣服，从周朝开始丧服就用

素色,即白色。按照服丧者与死者关系的远近以及所穿时间
长短将丧服分为五个等级,分别是斩衰(cuī)、齐衰、大功、小功
和缌(sī)麻。这五种丧服主要在形制上略有不同,随着朝代更
替,五服制度一直延续并有所变化。

　　斩衰是丧服中最重要的服饰,这种服饰用很粗的生麻布
制作而成,用三升或三升半的布料,剪裁时麻布直接被斩断,
衣服制成后边缘以及袖口处皆不缝边,故称作"斩"。

斩衰

　　丧服的上衣披在胸前称为"衰",下衣为裳,"斩衰"便由
此而来。服斩衰需守丧三年,丧期在《礼记·丧服四制》中有
明确的规定:"其恩厚者,其服重;故为父斩衰三年,以恩制者

也。门内之治,恩掩义;门外之治,义断恩。"意思就是感情深丧服就重,父亲去世了要穿斩衰,守丧三年,这就是以感情为依据的。如果为有血缘关系的人服丧,感情就要重于理智,为无血缘关系的人服丧,理智就要重于感情。在服丧期间,如果斩衰破了不能缝补,整个服丧期不得超过三年时间,这样的规定也是告诫人们对于死者的哀思是有一定限度的。父母去世,儿子或者未出嫁的女儿就穿斩衰,另外还有父亲为长子、媳妇为公婆、妻妾为丈夫、诸侯为天子服丧都穿这种丧服。

男子穿斩衰需要戴丧冠,女子梳丧髻,这种发髻又作"髽(zhuā)衰",《仪礼》中说的"髽衰三年"就是指女子服丧三年。《仪礼·丧服》记载,系在头上或者腰间的麻绳称为"苴(jū)绖(dié)",系在头上的麻绳有九寸长,麻绳的根部位于左耳之上,由额前绕至颈后再至左耳,绳头相接。按照规定着这种丧服需要拄丧杖,据《礼记·丧服四制》记载,因服丧者是有爵位的,所以拄丧杖。天子去世,在第三天就会授予太子丧杖,第五天授予大夫丧杖,第七天授予士丧杖。平民百姓拄丧杖,若其为嫡子,便为丧主,须拄杖主持丧礼。其他拄丧杖的人都是因为亲人的离世使他们悲痛而生病,需要拄杖扶持身体。

齐衰比斩衰要次一等,用熟麻布制成上衣和下裳,因边缘整齐故称为"齐衰",用布四升,所戴丧冠用布六升。用牡麻(大麻的雄柱)做首绖(丧服上的麻带子)与腰带。齐衰分为四个等次:第一等为齐衰三年,适用于父亲已经离世的情况下,儿子、未嫁人的女儿以及已嫁复归之女为母亲或继母服丧,母亲为长子服丧,服期均三年。第二等为齐衰杖期,适用于父亲在世的情况下,儿子、未嫁人的女儿以及已嫁复归之女为母亲服丧,丈夫为妻子服丧,服期一年,守孝时因执杖(民间也称哭丧棒),也叫作"杖期"。第三等为齐衰不杖期,男子为伯叔父母、为兄弟服丧,已嫁女子为父母服丧,孙、孙女为祖父母服丧,服期也为一年,不执杖,也称为"不杖期"。第四等为齐衰三月,适用于为曾祖父母、高祖父母服丧,服期只有三个月。

齐衰

大功也称为"大红",比齐衰要次一等,用白色的熟麻布制成,较齐衰用布更细,为八升或九升。这里的"功"指织布的工作。穿大功需要服丧九个月,男子为姑母和出嫁的姊妹、堂兄

弟以及未嫁人的堂姊妹以及女子为丈夫的祖父母、伯叔父母服丧都穿大功。

大功

　　小功也称为"小红",次于大功,用熟麻布制作而成。用作小功的麻布更加精细,用布十至十一升之间。小功为五个月的丧服。男子为伯祖父母、叔祖父母、从祖父母(堂伯父母、堂叔父母)、从兄弟、堂姊妹、外祖父母以及妻子为丈夫的姑母姊妹、娣妇(古代兄长的妻子称弟弟的妻子)、姒妇(古代弟弟的妻子称兄长的妻子)服丧都穿小功。

　　缌麻在五种丧服里是最轻的一种,所用质料较小功而言更加精细,用布为15升,丧期为三个月。男子为族曾祖父母、

族祖父母、族父母、族兄弟以及为外孙、甥、婿、岳父母、舅父等
服丧均穿缌麻。

小功　　　　　　　　　　　　缌麻

　　按照礼数的规定,服丧的人在与他人交往时有很多约束。
《礼记·丧服四制》记载:"礼:斩衰之丧,唯而不对;齐衰之丧,
对而不言;大功之丧,言而不议;缌、小功之丧,议而不及乐。"
如果是斩衰之丧,服丧者只能发出"唯唯"的声音,且不能回答
别人的问话。齐衰之丧是可以回答别人问话的,但不可以主
动询问别人。大功之丧可以主动问话,但不能发表评论和意
见。小功之丧可以相互聊天,发表议论,但不可以谈笑风生。
同书还记载,为父母服丧,需要身着丧服、戴丧帽,帽带由麻绳

编制而成,脚穿草鞋,一直到第三天之后才可以喝一点稀粥,三个月之后方能沐浴,13个月之后换上练冠,等到第三年的大祥之祭结束后才恢复正常的生活。这些程序完成后,仁者可以看出他的爱心,智者可以看出他的理性,强者能看出他的意志。用礼治理丧事,用义匡正丧事,是否是真正的孝子,是否尊敬兄长、关爱弟弟,是否是贞妇都可以看得非常清楚。

草鞋

这种丧服的等级制度自周朝开始一直延续至民国时期才被废止。在这几千年的时间里,五服制度一直没有太大的变化,后来传至日本、朝鲜和越南等地。

服饰与年节

对于一个国家、一个民族甚至一个人来说，假如没有节日，那生活势必缺少了节奏感、新鲜感与色彩感。服饰是年节庆典活动中的主体道具，每逢年节人们都会精心打扮一番，自发性地将本民族、本地区独有的服饰文化呈现出来，呈现出一场色彩斑斓的视觉盛宴。年节庆典中的服饰有些是惯用的，人们庆祝一个节日，就爱穿戴上与这个节日相关的服饰，如清明时节戴柳条，端午节挂艾虎，重阳节佩戴茱萸、香囊等；有些则是在年节游艺活动中所穿戴的服饰，相较于通用服饰而言，它更加富有艺术性。

年节通用服饰

春节是中国最有特色的节日之一,关于春节的起源可以追溯到4000多年前的尧舜时期,那个时候庆祝新春的活动并没有形成足够的规模。从汉朝开始才有了正式的新春仪式,比如放爆竹、行团拜礼、官员朝贺天子等。在古代,春节曾经标志着立春的到来,也就是一年的开端。清代潘荣陛编撰的《帝京岁时纪胜》记载:"士民之家,新衣冠,肃佩戴,祀神祀祖。"可见在当时祭天祀是年俗中重要的内容,人们换上新衣服,戴上新冠,祭拜神灵,祈求在新的一年里可以得到更多的福佑。过年期间,女孩们都换上红色的衣服,戴上红色的头饰,看上去十分喜庆。

清代诗人樊彬在《津门小令》中提到天津剪纸工艺中有聚宝盆的造型,春联当中也有很多关于聚宝盆的内容,例如:"户对青山摇钱树,门盈绿水聚宝盆""庭栽摇钱树拴金马,室有聚宝盆卧银牛"等。在天津春节期间妇女们也会戴上红色绒花制成的聚宝盆。这是一种传说中的宝物,里面有无尽的宝藏,人们相信将自己喜爱的物品放在聚宝盆里,就会从盆里得到无数个相同的宝贝。戴在头上的聚宝盆很有特点,在制作时,用红色的绒丝做成红色的绒棒,在此基础上再编织成各种造型的图案和花纹。聚宝盆是各种图案中使用最多的一种,其造型呈葫芦状,顶端为各式各样的火苗,两侧各挂有一个可爱的小动物,有的是蝙蝠,因为蝙蝠的"蝠"字与"福"同音,所以挂蝙蝠象征着五福临门;有的挂金鱼,寓意年年有余;有的挂凤凰,寓意吉祥如意;有的挂牡丹,象征着大富大贵;也有的挂仙鹤,意喻健康长寿。整个头饰都是用红色的绒花制作而成,在合适的位置镶上金制圆形纹饰,艳丽大气。除了聚宝盆之外,红色的绒花还被制作成各种花型,例如:牡丹、桃花、石榴花、菊花等。

在天津,春节期间女子还特别爱穿红色的衣服,民国时期的冯文洵在《丙寅天津竹枝词》中描写了春节时女子的装扮:"称体衣裁一色红,满头花插颤绫绒。"红色代表着天津人热情的性格,也反映出天津地区女子服饰色彩的历史传承。天津女子为何逢年过节都爱穿红衣呢? 据传说,妈祖(又称天后,是历代船工、海员、旅客、商人和渔民共同信奉的神灵)在年轻的时候就是一名红衣女子,后来成为护海女神,她在海上帮助有困难的船只,妇女们都很敬佩她,于是大家就争相仿效穿起了红色的衣服。直到现在,福建地区还有妇女穿着红衣去妈祖庙里朝拜的习俗。崇祀天后爱穿红衣的习俗渐渐流传到了天津,虽然与福建地区相隔很远,但职业非常相似,久而久之,天津女子过节时都会穿上红色的衣服。

立春位于二十四节气之首,时间在每年的农历正月初一前后。从这一天起,人们正式迎来了春天,随着冬季的结束,气温升高,天气渐渐转暖。《济南府志·岁时》描写道:在立春前一天,官府率领士民,在东郊迎春,鞭春牛,祭句芒神。孩子们都穿上彩衣,戴着鬼面,翩翩起舞。大人们都换上洁净的衣服,女子涂胭脂、戴春幡。春幡也称"春幡胜"或"幡胜",自汉朝时就已经出现,具体做法是将绢或纸剪成长条形的幡,戴在头上,用这种方式迎春。到了唐宋时期,春幡的制作更加精

致,南宋词人辛弃疾在《汉宫春·立春日》中写道:"春已归来,看美人头上,袅袅春幡。"女子所戴春幡最早的形式为自然的花朵,后来才用绢或纸代替。春幡与其他普通的头饰略有区别,具有辟邪的寓意,同时也表示求吉利。陕西潼关的妇女还将丝帛制作成鸡、燕子、花等形状戴在小孩的手臂上,男孩戴在左臂,女孩戴在右臂,以示立春之日的到来。

农历正月初七也被称为"人日",也称作"人胜日"或者"人七日"。相传女娲先后创造了鸡、狗、猪、羊、牛和马,第七个生命便是人,所以每年的正月初七也是人的生日。在这一天汉族的女子会穿汉服,用巧手制作人胜,这是一种古代女子佩戴的装饰物。《荆楚岁时记》记载:"剪彩为人,或镂金箔为人,以贴屏风,亦戴之头鬓。又造华胜以相遗。"意思是说剪彩纸,镂金箔,制作出人的形状,贴在屏风、纱帐处,或者戴在头上,大家互相馈赠。唐代之后,人们更加重视人日节,每逢此时,皇帝都会用金彩人胜赏赐群臣。

农历正月十五是元宵佳节,也称"上元节""元夜"或"灯节"。唐代张鷟(zhuó)在《朝野金(qiān)载》中提到,元宵之夜,宫女们都衣着罗绮衫,锦绣垂地,戴上各种式样的珍珠翡翠,擦着香粉,一个花冠或者一条巾帔(pèi,唐代女子肩上或手臂搭着的一条丝带)就值万钱。宋代百姓们喜爱戴花冠,过节期间,无论男女老少都会在帽子上插闹蛾,这种头饰用丝绸和乌金纸制成各种形态的飞蛾,再用彩色的笔画上须或翅纹。插闹蛾必定要配上另外一些头饰,宋代周密在《武林旧事》中提到,元宵佳节,妇人都要戴着珍珠翡翠、闹蛾、玉梅、雪柳、菩提叶、灯球、销金合、蝉貂袖和项帕,除了头饰人们还会穿白色的衣服应景。玉梅指人工制成的白色绢花,青年女子在元宵节这天都会佩戴。雪柳在春天盛开白色的繁花,呈米粒状,煞是好看,所以人们按照雪柳的花形,用捻金线制成柳丝作为头饰。《宣和遗事》中形容人们佩戴闹蛾、玉梅和雪柳的情景为"京师民有似雪浪"。

农历三月初三是上巳节,人们会在这一天到水边饮酒聚会,或者去郊外踏青。《论语》中记载了过节时的情景:暮春三月,人们已经穿上了春天的衣服,五六个成年人以及六七个少年去沂河里洗澡,在舞雩(yú)台上吹风,一路上唱着歌归来。在这一天,人们会将荠菜花洒在坐卧之处,可以驱虫,将荠菜花与桐花放在衣服内,衣服就不会被虫蛀;妇女们还会把荠菜花戴在头上当头饰,认为这样就不会头痛。

清明节人们有插柳的习俗。古人认为清明属于鬼节,有百鬼出没,所以人们都戴上柳圈,避免鬼的侵扰。除了有避邪的功效之外,柳条在人们的心目中有着非常神圣的地位,观世音菩萨就是用柳条沾水普度众生的。关于清明插柳的起源,有人认为是为了纪念农事祖师神农氏,人们会将柳枝一根根插在屋檐下边,古谚语有云"柳条青,雨蒙蒙;柳条干,晴了天",所以屋檐卜插柳有预报天气的功效。还有人认为插柳是纪念春秋时期晋国的贤臣介之推。相传在春秋战国时期,重耳为了避免受到祸害,流亡出走,跟随他的人慢慢减少,介之推是少数留下来的忠臣之一。一次,重耳饿得晕了过去,介之推就将自己腿上的肉割下来熬汤给他服用,重耳得知后非常感动。重耳即位后称晋文公。晋文公执政之后对与他同甘共苦的臣子进行了封赏,然而却忘记了介之推,等晋文公去寻找介之推时,他却已隐居绵山。无奈之下,晋文公只好放火烧山以逼出介之推,最终介之推被烧死在山上。次年,晋文公及群臣登绵山祭奠,发现山上的一棵老柳树死而复活,晋文公看见这棵柳树如同看到了介之推,便摘了一根柳条戴在头上,并把这一天定为寒食节。明代吴存楷在《江乡节物诗》中提到:

> 新火才从竹屋分,绿烟吹作雨纷纷。
> 杨柳最是无情物,也逐春风上鬓云。

宋朝杨韫华在《山塘擢歌》里写道:

> 清明一霎又今朝,听得沿街卖柳条。
> 相约毗邻诸姊妹,一株斜插绿云娇。

端午节又叫作端阳节、女儿节、五月节等,为每年的农历五月初五。在魏晋南北朝时期,由于战乱纷纷,百姓们苦不堪言,所以在端午节这天,人们非常重视戴"辟兵缯"。《风俗通》记载,在五月五日这天,人们用五彩的丝线系在手臂上,以为可以避免兵灾以及瘟疫。"辟兵缯"又叫"续命缕""五色丝线"等,在端午节这天,妇女们用红色、黄色、蓝色、白色和黑色的丝线系在儿童的手臂上,或者挂在儿童的胸前,如果是成年男女,就系在手腕处。民间也将五色线比喻成五色龙,认为它具有避免灾祸、延长寿命的功效。东汉时期,人们将彩色的丝线制作成日月星辰或者鸟兽形状的绢,待到端午节这天赠给家中的长辈。至今,还有将五色线缠于手腕处的习俗。

端午节还有挂艾虎的习俗。艾虎是一种古时候驱邪的物品,也作装饰用。佩戴艾虎的习俗多存在于中原及江南地区,宋代陈元规在《岁时广记》中记载,端午节时用艾草制成老虎的形状,或挂在钗头,或系在小孩的背部。将艾虎挂在钗头会遇到两个问题:一是制作较为复杂,艾虎作为门饰的时候形态较大,工艺就已经很讲究了,如要挂在钗上制作起来是非常困难的。二是不够美观,放在钗上的装饰应该小巧玲珑,用艾草制作显得过于粗糙。作为变通,人们改用布帛制作出老虎的形状,在上面贴上艾草即可。艾草为什么被制作成老虎的形状呢?在古代,老虎被看作神兽,人们认为它可以镇邪驱鬼,保护村民。据《风俗通》记载,老虎是属阳的动物,为百兽之王,可以吞噬鬼魅。同书还介绍了一则故事,传说在上古时候,有一对兄弟名为神荼与郁垒,他们都非常擅长捉鬼,每逢恶鬼侵扰百姓,兄弟俩就会将鬼捉住,绑起来喂老虎,久而久之,百姓就把两兄弟以及老虎的像挂在门上,以作驱鬼之用。

端午节还流行佩戴一种艾花。《岁时杂记》记载,端午之时,城内的仕女们都戴上发簪,上面挂着艾,也有用丝织品剪成条状当作艾花的,上面装饰有蛇蝎、蜈蚣、蚰蜒(百足虫,似蜈蚣但体型略小)、草虫以及天师的形象,并刻制石榴和萱草式样的假花,或者用香药制作艾花。艾花虽然起着辟邪的作用,但其所具有的各种纷繁美妙的花形更加突出它的装饰性,在端午节当天艾花也是很好的赠礼佳品。

辟兵缯、艾虎以及艾花是端午节特定的佩饰,一直到明清时期依然存在,只是在不同时期样式有些许变化。端午节所戴配饰除了这些之外,还有许多品种。如《清嘉录》记载,当时有种饰物叫健人,由金银丝线制作成,形状为小人骑在老虎身上,也有另外加上类似繁缨(古时天子或者诸侯所用的马饰)、钟铃形状的装饰,制作极为精细,妇人们将它插在两鬓起到装饰作用,也可作为礼品互相赠送。健人还有另外一个名称,叫作艾人,吴曼云所著的《江乡节物词·小序》中说,健人就是

艾人，多用布帛制作而成，为骆虎状，妇人们都戴在头上。

在九月九日重阳节这一天，人们不仅要登高望远、饮菊花酒，还有插茱萸或者佩戴茱萸香囊的习俗。南朝梁吴均所著《续齐谐记》中记载了这样一个故事：汝南的桓景跟随费长房学道，有一天，费长房把桓景叫到身边说，在九月九日这一天，你家里会发生很大的灾难，想要度过这一劫，就需要让家里每个人都做一个彩色的袋子，在里面放些茱萸，将袋子缠在手臂上，登上高山，饮菊花酒，照此方法必定能保住性命。于是桓景照此方法行事，待到九日傍晚回到家中，所有的鸡犬牛羊都死了，家人都安然无恙，茱萸能够辟邪的说法也就传开了。到了唐代，重阳节佩戴茱萸的做法已经非常流行，人们将茱萸戴在手臂或插在头上，也有制成茱萸香囊佩戴。

香囊

重阳节除了佩戴茱萸之外，也会将菊花插在头上作为装饰，称为"簪菊"。《干淳岁时记》记载："都人九月九日，饮新酒，泛萸簪菊。"杜牧在《九日齐山登高》这首诗中记录了重阳节这天人们头戴菊花、醉饮菊花酒的情形：

江涵秋影雁初飞，与客携壶上翠微。

尘世难逢开口笑，菊花须插满头归。

但将酩酊酬佳节，不用登临恨落晖。

古往今来只如此，牛山何必独沾衣。

年节服饰的样式非常丰富，其功效有以下几个方面：一是营造喜庆热闹的气氛，例如春节时候人们都爱穿红色的衣服；二是祈福辟邪，关于这一类的佩饰非常多，例如端午节戴辟兵缯、重阳节插茱萸等；三是因民间故事或者传说流传开来形成了一种习俗，例如端午节时戴艾虎、清明节时插柳等。年节服饰蕴含了深厚的中国文化，同时它也是我们认识古代中国很好的途径。

年节游艺服饰

年节游艺服饰是指参加演出时所穿的衣服，相比通用服饰而言更加富有艺术性。每逢过节人们都会精心打扮一番，载歌载舞，处处洋溢着欢声笑语，人们在庆祝节日的同时，也自发性地将本民族、本地区独有的服饰文化呈现出来，可以说这是一场色彩斑斓的视觉盛宴。

自春节开始一直到元宵节，神州各地都有舞龙的习俗。参加这种活动的人们会穿着黄红相间的服装，以黄色为主，上衣有的是对襟长袖衫，衣缘处用红色镶边，也有的在胸口绣青色龙纹，扎黄色头巾，腰间扎红色腰带。因为习俗不同，有些

地方的服装以红色为主。在元宵节这天，广州富山的瑶族有舞龙与炸龙的习俗。傍晚时分，舞龙者都饮酒至微醉的状态，身着黑色紧身衣，头上包裹着头巾，戴上口罩，裤脚扎紧，双手紧紧地握住龙身，不断地舞动以避开周围观舞者投掷的鞭炮。舞龙与炸龙都要持续好几个小时，只有当子夜降临，活动方才停止。沔(miǎn)阳(今湖北省仙桃市)的高跷舞龙灯是备受人们喜爱的汉族舞蹈表演，表演者踩着高跷舞起长龙，场面非常壮观，舞龙者所穿的龙衣一般以红黄亮色为主，上身为对襟合领长袖衫，下身着长裤，脚穿黑色布鞋。在上场前舞龙者需要打脸挂须，扮成京剧中的名角，旦角舞龙珠，走在最前面，武小生舞龙头，丑角在龙尾，其余的人都在中间。

在广东省雷州市有一种历史悠久的蜈蚣舞，这种舞蹈起源于明朝，代表了人们辟邪消灾、祈福安宁与丰收的意愿。整个舞蹈的队伍长约百米，由一条缆绳将所有人连在一起，队伍中间的舞者都要戴着插满香的草笠，双手各持一把香；位于队伍最前面的人头戴猪笼，笼上也插满香，有时也会在草笠上方插上蜈蚣的"触须"和"眼珠"。队员所穿上衣均非常宽大，为土黄色，这也与蜈蚣的颜色非常相近，衣服两襟不合，袒胸露乳，脖颈处会系一条红绸带；下身穿短裤，裤腿较短，一般至膝盖处。在演出时，蜈蚣前面有一个领舞人，他的穿着非常鲜亮，头扎红头巾，身穿金黄色对襟长袖衫，两襟至衣领边缘镶红色纹案，腰间系一条红色腰带，下身着金色长裤，穿白色布鞋。蜈蚣舞已经有400多年的历史，要求舞者具有非常高的团队协作意识，是当地居民非常喜爱的民俗活动。

蜈蚣舞

划旱船是一项传统的民俗活动,历史悠久,唐朝时已经非常流行。一般都由女性驾船,演出时舞者头发盘于脑后并插彩色的小花,身着彩色服饰,腰间系绸带以吊住小舟的船舷,这样小舟就与舞者连为一体,可以随着舞者曼妙的舞姿来回摇摆,给人以小舟在湖面荡漾的感觉。小舟的侧面有一个掌舵人,一般都为男子,为的是引导小舟前进。掌舵的男子头戴毡帽或者草帽,身着老生服,脸上挂着戏剧中所用的白色胡须。这种活动是根据百姓在水中捕鱼的情景改编而来的,在民间有着很高的人气。

划旱船

　　与划旱船相似，在广东省饶平县有一种舞蹈叫作布马舞，这种舞蹈至今已有700多年的历史了。布马舞的道具以及服饰都非常精美，在道具马的马鞍处留有空洞，女子站其中，将洞两边的绳带挂在肩膀处，同时挂上精美的披肩遮挡绳带，披肩以白色为底色，在上面绣有朵朵红花，并以金色丝线串联起来。额前佩戴有红黄相间的头带，四周环绕着银扣，在中间处竖有银制锥形饰物，远远看去英气逼人。舞者头戴银冠，冠顶有红色、白色、黄色、蓝色绒线制成的绒球，在绒球之中伸出两条五六尺长的雉鸡翎，色泽艳丽光亮。下身穿着较为特殊，为了让女子看上去像骑在马上，就将裙子前后剪开，左右两边正好可以搭在马背上，其余部分掩在马肚内，衣服颜色与披肩一致，这样整体性更强。女子通常会着披风，红色丝绸质地，上面绣满黄、白、蓝相间的花纹，披风边缘镶黄边。在演出时舞者需要手持马鞭不停挥舞，如此更像纵马前行，在雄浑威武的鼓乐声中众女子策马奔腾,时而雄浑壮阔、奋勇激昂,时而步伐放缓、伏哉漫步,配合着音乐的节奏布马舞展现出豪放的舞姿,这种舞蹈在民间广为流传,每逢佳节都会跳起布马舞以添加节日欢快吉祥的气氛。

布马舞

　　普宁英歌是广东省普宁市广为流传的汉族民俗舞蹈,明末清初时就已经兴起,至今已传承了300多年。因为这种舞蹈演的是梁山好汉攻打大名府的剧情,所以舞者要根据不同的人物形象化妆。例如关胜或杨志就要化妆成红脸和红胡须,李逵要将黑色的胡须挂满两腮,鲁智深就穿一身和尚装束,也有男扮女装成孙二娘和顾大嫂的。众人所穿衣服与京剧中精装短打的服装相似,用黑色作为底色,在上面镶上白

色的线条,也有红底色镶黄线条、黄底色镶红线条或白线条的。英歌在演出时分为前、中、后三个阶段,中前期都是表现各英雄豪气冲天、惩奸除恶的威武面貌,所以上场的舞者都会穿着与梁山好汉性格相符的服饰,但到了后期,所表演的情节是由当地故事改编而成的,所以在服饰上会有很大的变化,出场时一位老爹穿着清朝的服饰,头戴缨帽,手持双铜,腰间挂着用布做的马匹(与布马舞相似),急行而来与一个和尚对打,最后被和尚打得狼狈逃窜,以此作为整个英歌的结尾。

普宁英歌

东北秧歌集聚了我国北方汉族人民创造和积累的艺术经

验,形成了一种独特的艺术形式。在风格上东北秧歌时而泼辣,时而恬静,时而幽默,深受人民群众的喜爱。东北秧歌的服装及道具都饱含着浓烈的地域与民族特色,总的来说,服装用色十分鲜亮,在节日里穿显得格外喜庆。领队的人需要戴文生巾,身披斗篷,手持一把折扇登场,其余的人都穿戴一致。女装上身为镶边的对襟夹袄,多用绿色或红色为底,上面绣着白色的纹案;下身为多褶的长裙,颜色与上衣相同,裙摆及脚踝处。头上的装饰非常特别,常用绢花或者珠链做成凤冠戴在头上,有的在凤冠四周用珠链编成孔雀或者凤凰展翅的形

东北秧歌

态。除此之外，女装还有其他样式，例如肩膀会放置用绢布制成的披肩，也有的着红色肚兜，外罩长袖齐腰短衫，肚兜上绣着金色花纹。男装一般多为颜色一致的镶边对襟夹袄与镶边长裤，有很多人也在对襟夹袄外罩一件坎肩，袖口与裤脚都收得很窄小，为的是便于舞蹈。男子在演出时多戴颜色靓丽的毡帽。在东北还有一种形式的高跷秧歌，服饰与上述基本相同，只是女装的裙摆更加偏下，以罩住双脚，跳起舞来轻盈飘逸，十分好看。

人们参加年节游艺活动时都会穿着最漂亮的衣服，或祈求诸事顺利，或祈求来年有个好收成。不同地区的活动装扮各有特色，都体现了当地的民俗文化，如以农耕为主的地区都会以太阳、土地以及谷物作为自己的精神图腾，在游艺活动时就会体现在衣服的纹案装饰上。游牧地区的人们则会遵从宗教的要求和形式祈求幸福吉祥，所以他们在活动中所穿的衣服就会带有宗教色彩，脸上会有纹样或者戴上面具。不同的服饰特色彰显出每个民族独有的魅力，传统文化之所以能够流传至今，服饰的传承起到了很重要的作用。

四 服饰与禁忌

　　服饰禁忌是我国服饰文化中的重要内容。在我国,自从黄帝开始,服饰就已经被纳入到"礼"的范畴之中,成为区分人们社会身份的重要标志。在诸多服饰禁忌的约束之下,人们对于服饰往往怀抱着一种既喜爱又畏惧的心态,甚至面对美丽的服饰望而却步,压抑爱美之心,以免其因僭越而招致杀身之祸。中国古代服饰禁忌总体来说可以分为三类:颜色禁忌、质料禁忌及款式禁忌。

颜 色 禁 忌

　　中国古代服饰的色彩十分丰富,耀眼夺目。这些颜色除了起到装饰性的作用外,也暗含有富贵贫穷、好坏凶吉之意。自黄帝时期开始,服饰就已经被纳入到"礼"之中,成为区分人们社会身份的重要标志。古代服饰的颜色禁忌可以分为四个部分,分别是贵色忌、贱色忌、凶色忌以及艳色忌。

　　在服饰颜色中,黄色与紫色为贵色。古代皇帝登基时都要"黄袍加身",这就说明黄色在服饰颜色中有着非常重要的地位。徐珂在《清稗类钞》中提到,皇子穿金黄色的蟒袍,其余各王如没有受到特别的恩赐,则不可以穿。民间如果有人穿黄色的衣服就会被视为意图造反篡位。宋代王栐所著的《燕翼诒谋录》记载,宋仁宗时期,有南方来的染工,将山矾叶烧成灰,把衣服染成紫色献给各个王,诸王都非常喜爱,渐渐地这种紫色的长袍就成为了朝服。一看到这种颜色的衣服,大家都非常惊叹,士大夫爱慕不已,但不敢穿。明代何孟春所著的《馀冬叙录》记载,庶民的妻女们所穿的袍衫禁止用黑色、紫色、桃花色以及各种浅淡的颜色。大红色、青色以及黄色更不可以使用。这些被禁止使用的颜色中有一些就是贵色,古代的礼制将贵色作为一道屏障,把达官贵人与平民百姓区分开来。

　　平民百姓们多穿绿色、青色与白色的衣服,这些颜色为贱色。《渊鉴类函》引《晋令》说，士卒与百工所穿鞋的颜色只能为绿、青、白，奴婢所穿履的颜色也是如此。当晋怀帝司马炽被俘虏之后，刘聪曾在宴会上命令其穿青色的衣服饮酒，以侮辱他。

在唐代，穿绿色的衣服是对囚犯的刑罚。《封演闻见录》一书记载，吏人犯罪，并不杖罚，而是让其裹绿头巾以示侮辱。吴人穿着绿色的衣服出入州乡被认为是奇耻大辱。沈括在《梦溪笔谈》中写道，苏州有为非作歹的子弟，纱帽下面戴着青巾，孙伯纯知州说，这些戴着绿色巾帽的，与屠宰牲口的、卖酒的有什么区别？可见在宋代青色的衣服是最底层的人民所穿的衣服。自元朝开始，只有娼妓才穿这些颜色的衣服。《中国娼妓史》一书记载：元代以后人们因龟头为绿色，遂称戴着绿头巾的为龟头。乐户妻大半为妓，故又叫开设妓院以妻女卖淫的人为龟，或叫当龟。又以官妓皆籍隶教坊，后人又呼妻女卖淫的人为戴绿头巾，也叫作戴绿帽子。所以直到现在人们还忌讳戴绿色的帽子。《清稗类钞》记载，嘉庆年间，优伶都用日本产的一种缎子或者天鹅绒做绿衣边，认为这是美丽的装饰，形似古代的深衣。

在服饰颜色中，白色与黑色被认为是凶色。在小说《西游记》里就有白无常与黑无常两种阴间勾魂摄魄的鬼魂。在葬礼上，人们也会戴着黑纱，穿白色的孝服，所以人们在看到黑白两色时就会想到丧葬等不吉利的事，特别是在逢年过节时，人们更加忌讳穿黑色与白色的衣服，以免发生祸事。《礼记·曲礼》记载，如果父母健在，作为儿子穿衣戴帽就不能用素色镶边。而主持家事的孤子，可以穿素色不用彩色镶边，这是为了表达对亲人持久的哀思之情。《礼记·效特牲》记载，天子身穿

素服与皮弁参加蜡祭,穿素服是因为对农事有益的万物已经衰老,相当于为其送终。由此可见,素色的服饰在历史发展的过程中,成为人们非常厌恶的服饰。《清稗类钞》记载,皇帝召见文武百官,询问有关政治、经济的问题时,百官都不得穿天青褂、蓝色的长袍、杂色的长袍,羊皮也不可以穿,因为羊皮的白色非常令人反感,和丧服差不多。民间也忌讳穿纯黑色的衣服,给死者穿的寿衣一般都不用黑色,人们都会认为死者穿黑色的衣服转世投胎就会变成驴。但由于黑色的衣服比较耐脏,非常实用,所以人们在搭配衣服时,多将杂色与黑色混合使用,这样就不是纯黑色了。

穿着颜色鲜艳的服饰在古代中国是很忌讳的,男子穿着鲜亮就会让人觉得不学无术,是好色之徒;女子穿着过于靓丽也会被认为有轻浮卑贱之嫌。虽然如此,人们还是会趁禁令较松时赶一把潮流。隋炀帝时服饰开始变得雍容华贵,平民女子纷纷仿效宫廷装束,唐代王涯在《宫词》中描写道:"为看九天公主贵,外边争学内家装。"由此可见,传统的服饰禁忌很难挡住人们内心对于时尚的追求。爱美之心人皆有之,一旦有可能,人们就会从禁令的束缚中解脱出来,尽情地表现自我。

质 料 禁 忌

在服饰的制作过程中,对于质料的选择也是有讲究的,不同的地区有不同的禁忌。《风俗通义》记载,挂在车四周的帷帐不可以用来制作衣服，否则身体会长出恶疮。满族人很忌讳穿狗皮衣、戴狗皮帽，规定正室的西炕上不许穿狗皮衣的人坐。《清稗类钞》记载，夏天的时候，不许穿亮纱做的衣服，这样会将肤色透出来，不雅观，但可以用实地纱代替，这样显得更加庄重。在一些地区，如果人们手臂上长了脓疮，就会在衣袖上系一条红布，以免与别人发生碰撞。如有孩童患了眼疾，父母为了避免疾病传染，就在孩童的眼睛上蒙一条红布，告诫别人不要触碰。民间在制作寿衣的时候都不会选用绸缎的质料，因为"缎"与"断"同音，害怕会断子绝孙。旧时人们将通过手工纺织出来的粗布称为土布，与土布相对应的洋布色泽更加鲜明，价格也便宜，但是人们在制作寿衣时忌讳用洋布，因为"洋"与"阳"同音，而人死之后要去往阴间，两者冲突，故不能使用。

款 式 禁 忌

中国古代服饰的款式千变万化，经历了几千年的演变，始终保持着不裸露身体的禁忌原则。此外，自古以来人们都有"身体发肤，受之父母，不敢毁伤"的传统，所以诞生了各种款式的巾冠以将长发打理整齐。

中国的封建礼教严禁成年人将肉体裸露在外，民间流传着"男不露脐，女不露皮"的说法。在实际生活中，许多男子需要干重活，忙于农事，所以会将上体裸露在外，对于"男不露

脐"的禁令执行得并不严格,而对于"女不露皮"的禁令则执行得非常严格,甚至到了令人难以想象的地步。女子刚出生就会待在深闺之中,这样就可以将手以及面容都很好地掩藏起来,防止被男人看到以免遭遇不测。相传孟姜女在院子里玩水,露出了手臂,正巧被跳进院子里的万喜良看见,之后只得做了他的妻子。由此可见,女子将肌肤掩藏起来非常有必要,时至今日,有很多地方一直延续了女子穿衣不露皮的习俗。例如回族地区的女子就很忌讳穿短袖衫、短裤以及裙子。维吾尔族的女子上衣一直要垂到膝盖处,裤脚没过脚面,非常忌讳穿着短袖上衣以及短裤在户外活动。新疆喀什地区信仰伊斯兰教的妇女会头戴面纱,因为据伊斯兰教规定,女子除了手脚之外,身体的其他部位都被称作"羞体"。根据个人经济条

维吾尔族服饰

件的不同,面纱的质料也不一样,有棉织的、丝织的,也有丝棉混纺的,颜色有黑色、灰色、咖啡色和白色等。普通面纱可以围到腰部以上的位置,有的款式较大甚至可以包裹至臀部。云南一些地区的女子出门要打一把伞,伞的边缘用布围成一圈,这样就可以将面部全部遮住,而且忌讳他人将布帘撩开观看女子的面容。

在古代社会,人们不能将发须剃除,因为这是不孝的行为,发须是父母给予的,自己没有权力将其剪断。然而在生产生活中,人们留着长长的头发做事很不方便,于是在商代以前,人们就已经用野兽的骨头或者玉石作为束发的工具,同时也有装饰的功效。到后来出现了梳子,人们就将长发盘于脑后,用梳子插上予以固定。此后逐渐产生了冠、弁、巾、冕、帻等各式各样的巾帽。这些巾帽的戴法也有讲究。《清稗类钞》记载,明朝的士人有很多都戴方巾,穿大袖衫。到了清朝顺治甲申年间,政府颁布禁令,禁止戴方巾,改成戴平头小帽。禁令非常严苛,无论是巨绅还是士子都不可以再戴方巾,出行在外与一般百姓并无二致。如果有怀恋之前的礼数,自己在家偷偷戴方巾的人,一旦被发现就会招致惨祸。常熟有两人,在行香日这天于众人之中戴方巾,被发现后立刻被施以杖刑,地方官员向皇帝奏请对二人施以磔(zhé)刑。磔型是古代的一种酷刑,即将尸体分解于街市口,以儆效尤。此二人受刑后,民间再也没有人敢戴方巾了。另据《宋史·舆服志》记载,宋代禁止民间妇女戴金银箔线,规定不是受封号的妇女不可以戴首饰。带有销金、泥金装饰的衣服除了受封号的妇女之外,其余人不可以穿。

除了以上三类服饰禁忌之外,还有其他一些穿戴方面的

禁忌。例如在河南沁阳,妇女很忌讳将衣服反过来穿,只有遗孀改嫁的时候才会将罗裙反穿。也有一些地方保持着亲人去世后反穿衣服的习俗。古代的衣服通常也不可穿成左衽,只有死者或者某些少数民族地区的人才穿成左衽。穿衣时也不可以打死结,只有给死者穿的衣服才打死结,如若平时穿戴打死结,会被认为是凶事之兆。少数民族的一些服饰还具有神圣纯洁的特质,例如彝族男子头上有梳"天菩萨"的发型,这是一种神秘文化的象征,绝对不许任何人触碰,如果有人不慎触摸,就要屠宰牲口,饮酒以谢罪道歉。崩龙族所戴包头或者所穿衣服都很忌讳别人触摸。

　　通过上述各类服饰禁忌可以看出,我们的先民对于服饰抱有一种既喜爱又畏惧的态度。人生来就有爱美之心,喜爱梳妆打扮,爱穿漂亮华丽的衣服,然而在古代,衣服同时也象征着权利与地位,所以在各种禁令的约束下,人们对有些自己喜欢的服饰只能望而却步,以免因僭越而招致杀身之祸。

五 服饰与身份

"只认衣衫不认人""先敬罗衣后敬人"。在等级社会中，服装是一个人身份地位的外在标志，服饰反映了一个人的社会地位。穿梭在市井之中，来来注注的人们仅凭服饰就可以判断出迎面而来的是达官贵人，还是平民百姓，故有"十里认人，百里认衣"的说法。

农民的服饰

中国古代农民的穿着都非常简朴,为的是更加方便地在田间劳作。裋(shù)褐就是古代农民常穿的一种服装。短褐,又叫作"裋打",是一种粗布衣服,在几千年的历史长河中,它是百姓穿着最多的服饰之一,有着重要的意义。在形式上裋褐与常服和礼服都有较大区别。《列子·力命》中讲述了北宫子与西门子理论的过程,其中北宫子将自己与西门子的生活作了对比。西门子说,我穿着裋褐,吃粗糙的饭菜,住着草屋,外出只有步行;你穿着文锦(丝绸衣服),吃精美的饭菜,住高大华丽的房屋,出门则有车马接送。由这段话我们可以看到,在中国古代,社会下层的人与社会上层的人之间在生活上有着巨大的差距,而人们生活层次的不同往往首先是从服饰上进行区别的,如裋褐与文锦就有天壤之别。《史记·平原君虞卿列传》对当时穷苦百姓的描述更令人唏嘘。邯郸的百姓饿得只能易子而食,连裋褐都没有的穿,天天吃着糟糠,而王君的房屋就有数百间,婢妾成群,吃的皆是山珍海味。这段描写告诉我们,裋褐是百姓最基本,也是最简陋的御寒服饰。

裋褐是粗布制成的衣服,最早时用葛或者兽毛缝制而成。用葛制成的粗布衣有一个缺点:时间久了以后,衣服会变成黑色。这时候就需要将衣服放到水中浸湿,然后挤掉其中的水分,放到烘笼内用硫黄熏,经过这样的工序处理后,衣服的颜色就会慢慢变白。裋褐为交领,两袖口窄小,衣服的下摆及至胯处,腰间束带,下身着长裤,为了在田间劳作方便,一般用布带将裤脚一圈圈地紧紧缠绕,脚穿布鞋,男女都适用。

裋褐

蓑衣是劳动人民用蓑草制作而成的能挡雨的雨衣。蓑草就是龙须草,是一种茎细而长的草本植物,从根部长出褐色呈鱼鳞片状的叶片,人们就用这些叶片编织成衣服。后来渐渐用棕片代替蓑草,因为棕片宽大,既不透风也不透水,可以起到遮蔽风雨的作用。也有些地方的百姓因贫穷,家里的孩子到了十七八岁都还没有像样的衣服或裤子穿,也只好给他们穿上蓑衣遮挡身体。蓑衣还有防身的作用,很多猎户进山打

猎时都会碰到野猪，野猪在受伤时会发狂地攻击猎人，这时猎人只需将蓑衣扔掉就可以保住性命，野猪会追着蓑衣不放而不会注意到猎人本身。蓑衣分为上下分开式以及上下连为一体式两种款式，很像上衣下裳及深衣的形式，但较之又有区别。蓑衣为纯手工制作，制作过程十分复杂，首先需要将棕片从树上割下来用刷子洗净，这样可以使棕毛平整顺畅，同时也能清洗掉杂物，然后需要做防腐处理。待棕片晒干后，需要将棕片上的纤维揉搓成缝合线。编织时需要从领口处开始，将棕片摆放整齐，用针线穿梭其中，一点点缝制成斗篷状，制作下摆时需要让棕毛自然垂下。自领口开始蓑衣的边缘处都要用细嫩的棕片包裹。上下连为一体的蓑衣在制作时稍微简单一些，顺着领口一直缝制到脚踝处即可。

蓑衣

海边渔民的服饰与田间劳作的农民的服饰有很大区别,这主要是受到环境的影响。《台州民俗志》有记载:玉环渔民常年在海上生产,风大浪高,但他们自有一套抗风斗浪的"宝衣"。宝衣的上衣叫大襟衫,布料为龙头细布或白帆布,经久耐磨。大襟衫是一种大襟左衽的对襟外衣,衣襟向左开式,避免渔民用右手作业时衣襟与网纲、绲线相勾缠。大襟衫要放在由薯莨根煎熬的汤汁中浸泡,待到颜色变为深褐色时捞起,这样做的目的是为了耐磨防腐。

海边的风浪很大,随着渔汛旺季的到来,妇女们非常忙碌,她们需要将海产品清洗和曝晒,这时候她们多穿肚兜,这样在劳动时会方便很多。肚兜用一块红布或者红绸缎制成,很像一件单面的背心,红布上方两端各有一条绒绳或者银链子,系在脖颈处,腋下两端处也各有绒绳系在背后。垂于胸前的红布上绣有与大海有关的图案花纹,有的绣大鲳鱼,有的绣海螺、乌贼、比目鱼等。肚兜的作用一般体现在两个方面:一是遮掩身体,并且减少乳房的摆动,劳动时即便手臂大幅度地挥舞也会感到轻快利索;二是在长时间的劳作后,大量的汗液会沿着身体往下流淌,这时候肚兜可将汗液很好地吸收掉。

农民的服饰都较为简单,主要是为了适应自然环境与劳动生产而设计,有着遮羞蔽体、防寒御暑的功能。有的为了美观也会绣上简单的花纹,但整体来说还是趋于质朴与实用,并且带有当地的民俗特征。在用料上,农民的服饰大多选择葛麻,或者是将天然的植物再加工,所以显得较为粗糙。

士人的服饰

　　士人是古代知识分子的统称,在政治上他们位于卿大夫与庶民之间,属于贵族的最末端,几乎与庶民无异。在每个朝代都有士人阶层,这里我们着重介绍魏晋、唐朝以及明朝的士人服饰。

　　魏晋时期,士人们喜欢穿宽大的衣服,南京出土的《竹林七贤与荣启期》砖画中,描绘了嵇康、阮籍、王戎、山涛、刘伶、向秀、阮咸和荣启期在林中悠闲自在的生活状态。他们穿着袖口宽大的长衫,衣领大开,袒胸露臂,神情慵懒,席地而坐。鲁迅先生在《魏晋风度及文章与药及酒之关系》一文中分析道:"现在有许多人以为晋人轻裘缓带,宽衣,在当时是人们高逸的表现,其实不知是他们吃药的缘故。"他认为魏晋的士人服用了一种叫作"五石散"的药,服用之后,身体会忽冷忽热,但却可以让人进入飘忽忘我的境地。在动乱不断的年代,士人们都以这种方式麻醉自我,游离在虚幻的精神世界中。服用五石散之后不可以穿窄小的衣服,否则会擦伤身体,所以这些士人多穿宽大柔软的衣服。具体而言,士人常戴的首服为巾,由葛、丝带或者鲁皮做成,例如东晋隐士陶渊明就常戴葛巾。士人多足登木屐,由于这种鞋的底部很厚,所以可以展现出士人潇洒飘逸的英姿。对于木屐,鲁迅先生也有自己的看法,他认为:"吃药之后,因皮肤易于磨破,穿鞋也不方便,故不穿鞋袜而穿屐。"当时的人们还手持一种饰物叫作"麈尾",其外形很像今天的羽扇,尾部的手柄用檀木或者白玉制成,用于拂秽清暑,同时也能体现士人潇洒高贵的气质。另一种饰物叫作"如意",当时人们常穿破旧的衣服,身上难免会有虱子,如意就是用来挠痒的工具,也暗示了士人们的生活其实不如意。

唐代士人多着幞头。幞头下面的衬垫物为巾子,多用竹篾、粗葛做成,形状类似于网罩,用时扣在发髻上,外面用黑色的绢罗包裹起来。位于幞头后方的两脚原本自然垂下,但是到了唐朝末年,两脚平展开来,在末端向上翘起,称为"硬脚幞头"。大部分的士人都戴幞头,其中举子也会戴席帽,这种帽子一开始以席藤为质料,上面涂满油用来防雨,唐中期时,席帽演变为罽(jì,毛制成的毡子)制成的毡帽。唐朝士人多穿襕衫,《宋史·舆服志》记载,襕衫用白色的细布制作而成,圆领大袖,下身用横襕分开为裳,腰间有襞(bì)积(衣服上的褶子),进士、国子生和州县生都穿这种衣服。入冬时,就在襕衫的夹层内塞进棉絮。士人常使用一种叫作"蹀(dié)躞(xiè)"的腰带,用银片制作带鞓(tīng,束腰皮带),带鞓前端有金制带扣,中间部分钉有11件金带,都绘有文武兽面纹,并且都留有小孔,系上小带。鞓的后半段镶有銙(kuǎ),这是一种圆形或者方形的装饰,唐代时以銙的质地与数量来辨别人的身份和地位,士人腰带上镶有7个铜铁制成的銙。这种形式的腰带具有很强的收纳功能,可在外出时悬挂钱袋、折扇、香囊、水壶、笔、墨、纸、砚等。士人大多穿单底鞋,鞋尖上翘,形似小舟,称为"履",用丝帛制成,有的在上面绣制装饰纹案。

幞头

　　明朝士人多穿圆领长袖衫,用白色的布绢制成,衣袖宽大,腰间系丝绦,衣服两侧有摆,置于衣服的外部,称为"直身"。另一种常见服饰为"直裰(duō)",起源于两宋时期,在当时直裰大多为僧侣所穿,宋赵彦卫所著《云麓漫钞》记载:"古之中衣,即今僧寺行者直裰。"

　　到了明朝,直裰的样式发生了改变,并在士人阶层流行开来。直裰通常用素色的布制作,大襟交领,其中一些也配白色护领,衣缘周边都镶有黑边。衣服长度没过膝盖,两侧无摆,这也是区分直身与直裰的重要的标志。宋时直裰两侧无开衩,但到了明朝改为开衩,后背与前襟处均留有中缝。宋代的直裰为直袖,到了明代多改为琵琶袖,也有保留原来的直袖的,但不多见。腰带上配有络穗以及丝绦,下身不加横襕,宋冯鉴所著《续事始》记载:"袍,无横襕者谓之直裰。"

宋代直裰　　　　　　　　明代直裰

商贾的服饰

　　商贾人士在古代的地位非常低下,秦朝商人即便富甲天下也不可穿着丝绸服饰,唐朝商人不可入朝为官,直到明清时期商人的地位才渐渐好转。《汉书·高祖纪》规定商人不允许穿有花纹图案的细绫、细葛或者丝绸服饰。但是对于商人应该穿哪一类的服饰却没有明确的规定,仅仅是限制他们穿华丽的衣裳。事实上有钱的商人往往不怕违反法令,《后汉书》记载了仲长统对于大商人的看法:"身无半通青纶之命,而窃三

辰龙章之服。"就是说商人没有一点社会地位,却要穿带有日月星辰、山龙华虫图案的衣服,与贵人攀比。

东晋时期,发髻的装饰作用非常明显,所以大家都戴假发出行。《晋书》记载,东晋太元年间,公主与地位显赫的妇女们都戴假发,这也引得贫民女子争相仿效,这种风气也随之波及男子,以至于政府下令"士卒百工不得着假髻",商人处于社会最底层,自然也在禁止范围之内。

隋朝对人们所穿的长袍进行了一定的等级划分,庶人穿白色的长袍,屠户以及商人都只能穿黑色的,士卒穿黄色的。唐初,天子的常服为黄色。《新唐书》记载:"遂禁士庶不得以赤黄为衣服杂饰",商人自然也无法着黄色衣饰。同书记载,唐高祖武德年间,没有品级的官吏、庶人、部曲(指家兵)和奴婢可以穿丝绸的衣服,但颜色只许为黄色或者白色,随身饰物只许用铜或铁打制,不可用金、银及白玉为之。唐太宗时期,庶民所穿衣袍的横襕只可用白色。唐文宗时期规定,只要不是官员,人们就必须穿粗葛质料的衣服,腰带上的饰物只许用铜或铁打制。《旧五代史》记载,唐明宗时期,庶人和商旅只能穿白色的衣服,不可以夹杂其他的颜色在内。《宋史·舆服志》记载,北宋太宗有令,庶人、商贾等都只能穿黑、白两色的衣服,用铁制的带钩,不可以用紫色的带钩。有名望的富商可以骑马,但马鞍不可以彩绘。

自宋朝开始,商人的地位渐渐有所提升,但在衣服颜色的选择方面依然有非常严格的限制。宋代李嵩绘有《货郎图》,图中所绘货郎身着长袖交领右衽衫,戴黑色软巾,下身着宽松长裤,裤脚收紧,脚穿软靴。孟元老所著《东京梦华录·民俗》记载,卖药和卖卦的商人都戴冠,系腰带。士、农、工、商各阶层所穿的衣服都有明确规定,人们都必须严格遵守。元朝时商人不可以穿赭黄色的衣服,但衣料可以选用苎麻、丝绸、绫罗等质料,所戴帽子不可以用金玉装饰,靴子也不能绣花纹。

货郎

朱元璋对庶民的服饰也有明确的规定,其中农民与商人有很大的不同,农民可以用绸、纱、绢和布来制作衣服,而商人只能用绢和布。如果全家人中有一人经商,那全家就都不可以再选用绸、纱等质料制衣,商人在出入市井时不可戴斗笠和蒲笠。到了明武宗时期,又出台法令,禁止商人、贱民、仆役与倡优穿貂皮大衣。清朝黎士宏评价明朝的服饰制度为:"阴寓重本抑

末之意。"中国古代认为农业为"本",工商业为"末",只有通过重农抑商,才能提高农民从事农业生产的积极性。

清朝商贾的地位较之前有一定的提升,出现了胡雪岩这样的"红顶商人"。当时的商人穿长袍或者在长袍外罩马褂、马甲,腰间束有蓝色或白色的长腰带。长袍在清初时长至脚踝,到了顺治年间缩短至膝盖处。到了清中期,商贾所穿袍衫多流行宽松的款式。衬衫穿于袍内,形状与长衫相似,有的在上半截用棉布质料,下面则用丝绸接上,也称为"两截衫"。马褂长至肚脐,左右以及后面开衩,袖长过手。马甲为背心或者坎肩,是一种紧身的无袖上衣,样式分为对襟、大襟、一字襟等。

中国古代商人的地位一直都很低下,直到清朝时期才略有好转,这和历朝历代实行"重农抑商"的政策有关,清朝之前商人的服饰都很粗陋,而且被限定了颜色和质料,在有些朝代商人的服饰等级与仆役、倡优一样,甚至连农民还不如,这使得商人们非常自卑,这就不难理解为什么有些富商不顾违反禁令,身着华丽衣服以显示自己的地位。

释道的服饰

"释道"是佛教与道教的简称。佛教于西汉末年传入中国,"僧伽梨"是佛教三衣中的一种,也称为"僧伽胝""伽胝"。僧人走在街上托钵,或者奉诏入宫时就会穿这种衣服,僧伽梨在制作时需要用到9条至25条布片,所以也叫作九条衣、

袈裟

杂碎衣。为什么僧伽梨需要用很多布料拼接起来呢？这样做的目的首先是想表现"福田相"，为此必须将布料剪裁成布条再拼接起来。再者，古时无法制作一大块整布，无法直接做成大衣，必须拼凑起来，佛陀规定："不割截衣，不得守持。"(《尼陀那目得迦》卷二)《萨婆多毗尼毗婆沙》记载：僧伽梨分为三位九品，下下品穿九条衣、下中品穿十一条、下上品穿十三条；中下品穿十五条、中中品穿十七条、中上品穿十九条；上下品穿二十一条、上中品穿二十三条、上上品穿二十五条。下僧伽梨为二长一短，中僧为三长一短，上僧为四长一短。三种衣服的品级都以所用新旧布料层数多少来区分。郁多罗僧较为宽大，可以将上半身掩盖住，用七块布缝制而成，故称作"七条

衣",一般在礼诵、听讲和说戒的时候穿。玄应在《一切经音义》中记载,这种衣服可以覆盖住肩膀,所以也称为"左肩衣"。安陀会用五块布料拼接而成,这种衣服一般在劳动或者就寝的时候穿着,所以也有"作务衣""内衣"或者"中宿衣"的说法。对于三衣所用的颜色有两条规定:一是不可以有纯色,比如白色、黄色、黑色、郁金等;二是在衣服上需要加一点杂色,被称为"坏色",也就是"袈裟",只要是染坏的、颜色不正的都可以叫作袈裟。佛陀规定,弟子们不可以穿正色的衣服,只能穿坏色衣,久而久之人们就把僧衣叫作袈裟。僧伽梨、郁多罗僧以及安陀会都被称为"制衣",这类衣服较为正式。另一种类型称为"非衣",就是除了制衣以外其他的小衣服。还有一种类型为"听衣",这类衣服的形质往往依照当地的地理气候以及风俗习惯而定。我国的出家人一般多穿听衣。

道教是中国本土的宗教,在五千多年的历史长河中汇聚了中华大地厚重的文化精粹。道教使用的头巾有九种,分别是混元巾、纯阳巾、庄子巾、逍遥巾、浩然巾、太阳巾、荷叶巾、一字巾和包巾。混元巾呈圆柱形,但不规则,后端向后上方倾斜,顶端有圆孔可以让发髻伸出来,整体为黑色,也有在发髻上戴道冠的。明朝《三才图会》记载,纯阳巾又称作"乐天巾",与汉唐的头巾非常像,帽子顶段有寸帛,一段段的褶皱如同竹简,垂在帽子后面,巾上绘有盘云的图案。庄子巾从侧面看呈三角形,底部扣在额间为圆形,顶部为"一"字形,额前方镶有白玉一枚,意寓气节高亮。逍遥巾将发髻包裹住,于结扎处有两脚伸出,垂于脑后,佩戴者气度不凡,犹如神仙一般,因此得名逍遥巾。相传浩然巾为孟浩然所戴,因此得名,其外形飘逸,有宽大的披幅垂于头巾之后,脑后都被遮住,只留正脸。太阳巾为烈日之下道友遮阳所用,头巾中央与庄子巾相同,只是在四周加了一圈帽檐。荷叶巾与逍遥巾类似,只是巾帽所戴的幅度不同,逍遥巾只包裹住发髻,而荷叶巾包裹了整个额头部分,两脚自帽顶伸出,垂于后脑。一字巾也称作"太极巾",就是一根黑色的绸带,中间绘有太极图案,这条发带的作用是遮挡额头之上的碎发。包巾为一块方形的布,将发髻整体包裹在内,新入道门的弟子在没有拜师前就戴这种头巾。

道士所穿的道袍分为大袍、得罗、戒衣、法衣、花衣几类。大袍最为常用,为深蓝色,大襟右衽,袖长至手腕处,袖口及袖身都较为窄小,以方便劳作。得罗也是道士穿的袍子,交领右衽,袖身宽大,袍子内部设有内衬,这是正式的道袍,常于举行道教活动时穿着。戒衣与得罗相似,只是通体为黄色,只有受戒的道士才穿这种衣服。法衣是道教举行大型仪式时德高望重者所穿,袖身宽大,为紫色,有"紫气东来"之说,上面绣满了金线龙纹。花衣为对襟,袖口至手腕处,绣各种吉祥图案,较法衣而言略为简洁,一般为经师所穿。

佛教与道教对于服饰的选择都非常谨慎,有着详细的戒律,这也时刻提醒着修行之人约束自己的行为,遵守清规戒律。佛教与道教在服饰的选择上大多宽大,特别是袖身处,蕴含着暗藏乾坤之意。从形式上看,衣袍端庄大气,所用色彩多为纯色,即便镶有图案也显得规整有序,都有各自的含义。

倡优的服饰

倡优是指娼妓及优伶,倡即为乐人,优则是指以歌舞为业的女子。在中国古代文化中,倡优扮演着非常重要的角色,众多诗词歌赋中都有表现倡优容貌与穿着的内容。隋唐时期,倡优流行梳很高的发髻,并在发髻上插满金钗与珠宝。寒山的《诗三百三首》写道:"共折路边花,各持插高髻。"白居易在《江南喜逢萧九彻因话长安日游戏赠五十韵》中描写道:"时世

倡优

高梳髻,风流滫作妆;鬟动悬蝉翼,钗垂小凤行。"段成式在《柔卿解籍戏呈飞卿三首》中也写道:"出意挑鬟一尺长,金为钿鸟簇钗梁。"这里的"鬟"指的是女子将头发盘成圆环形搭在头上,梳这种发式的不算多,多数女子还是以梳高髻为主。高髻也称为"峨髻",秦汉时期宫廷之中就有歌妓梳这种发髻,后渐渐流传到民间,东汉时期民谣形容当时的情景:"城中好广髻。"也有戴假髻作装饰的,先秦时期多用奴隶头发制作而成,到了后来,人们渐渐用马尾或者纱做成假发髻用以装饰,上面缀有发簪以及珠宝首饰。敦煌的壁画中就绘有许多梳高髻、戴金钗的女子,而所戴金钗从六七支到十一二支不等,这种戴假髻的习俗一直到明清时期都很流行。梳高髻、戴金钗还能增加女子的身高,当时女子普遍较矮小,梳高髻之后,显得更加的婀娜多姿、美艳动人。

倡优所穿服饰艳丽华贵,唐诗有云:"羽袖挥丹凤,霞中曳彩虹。"(韦渠牟《步虚词》)"裘披升毛锦,身著赤霜袍。"(李白《上元夫人》)"最宜全幅碧鲛绡,自襞春罗等舞腰。"(段成式《柔卿解籍戏呈飞卿三首》)魏晋南北朝时,妓女多穿袖口窄小的服饰,这是受到了胡人服饰的影响。唐代妓女十分青睐石榴裙,这种裙子都染成石榴红,因此而得名。南北朝诗人何思澄在《南苑逢美人》中就描写了心仪的女子:

> 媚眼随羞合,丹唇逐笑分。
> 风卷葡萄带,日照石榴裙。

诗中"葡萄带"与"石榴裙"相互照应。葡萄带是指镶嵌着碧玉和珍珠的腰带,因为其看起来就像用葡萄做成的。从这里可以看出,妓女所穿的石榴裙比普通女子所穿的裙子更为

精致、华贵,因为需要参加歌舞表演,衣裙上的装饰可吸引人们的目光。妓女的服饰在质料方面非常讲究,以薄为主,汉代马王堆出土的"素纱禅衣"长为1.28米,重量小于50克。而后考古工作者又挖掘出较马王堆还要早500年的"素纱禅衣",质地更加轻薄。唐代文学家陆龟蒙在《纪裙锦》一文中详细描述了一件妓女舞服上的织锦纹案,这件锦裙长四尺,下面宽大上面狭小,裙子上绣有两只势如起飞的鹤,每只鹤都曲折了一条腿,口中衔着花,左右两侧各有一只鹦鹉,耸肩舒尾,鹦鹉与鹤的大小不同,相隔着五颜六色的花草。一件衣服上绣上了如此多的内容,可以说是五彩缤纷,目不暇接。

清朝前期,妓女的服饰以苏式妓女的装扮最为典型。《续板桥杂记》一书记载,妓女穿着彩色的裙子,袖口宽大,效仿淮扬地区的服饰风格,唯独穿睡鞋的人很少。秦淮河两岸的妓女们,全部都用素布制作成小袜,远远看去就好像漆裤与袜连成一体,裤袜间用棉带系在一起,使两只缠足不露出来,甚至到了晚上也不松开。同书还记载了一种称作"肚兜"的抹胸服饰,夏天用纱制成,而冬天则是用绉(zhòu,一种褶皱较多的丝织品)缝制,边缘用缣(双经双纬织就的较厚的织物)缝制一圈,在肚兜内贮以麝屑,每当解开衣服时,都有淡淡的香味散出。据《老上海三十年闻见录》记载,清朝末期,上海的妓女们都争相斗艳,所穿服饰非常的艳丽。当时的名妓叫作"林黛玉",穿一件大红色的缎织金衣,衣缘处镶满了珠宝,雍容华贵,光彩照人。各地妓女都纷纷仿效,形成了一股着艳丽服饰的风气。

"林黛玉"像

　　倡优自春秋时期就已经出现,在几千年的历史中,她们一直地位低下,命运悲惨,但就服饰而言,这些倡优们又是最不保守的,扮演着引领时尚、追求时髦的角色。

 服饰与文艺

　　中华民族是喜爱文学、艺术的民族。数千年来,中国人创作了无以数计的精美作品,有神话传说,有民歌,有诗词,有小说,有舞蹈,有戏曲……在这些文艺作品中,中国服饰是绝好的素材,不少创作者以服饰为载体,将自己的情感通过艺术形式表现出来,极富感染力。透过文艺作品中所描绘的服饰形象,不但可以领略当时人们的精神风貌与生活状态,还可以感知人们对于美好生活的遐想。

明清小说中的服饰

　　明清两朝是小说史上非常繁荣的时期，这一时期诞生了《西游记》《三国演义》《水浒传》《红楼梦》《喻世明言》《儒林外史》《老残游记》等家喻户晓的小说，多角度地反映了当时社会人们的精神风貌与生活状态。这里以《水浒传》《三国演义》《西游记》《红楼梦》四大名著为例，带领大家领略小说中的服饰文化。

《西游记》与服饰

　　《西游记》是中国四大古典名著之一，为明朝吴承恩所著。整部小说充满了浪漫主义的色彩，其中以孙悟空为主要人物，它是一个将人、猴、仙结合在一起的神话角色，其服装色彩都是红色与黄色的互相搭配，这种亮丽的色彩符合孙悟空心胸坦荡、正义凛然的角色形象。一开始他从石头中蹦出来自然是没有穿衣服的，后来在拜师学艺的过程中，穿上了人的服装，大摇大摆地在市井中行走。等他学艺归来之时，小妖形容孙悟空的样貌说："光着个头，穿一领红色衣。勒一条黄丝绦，足下踏一对乌靴，不僧不俗，又不像道士神仙。"随后孙悟空大闹龙宫，不仅夺取了金箍棒，还拿了凤翅紫金冠、锁子甲、步云履，有了这些装扮，孙悟空的身份与地位自然较之前有很大改变。当唐僧将其从五指山下救出来时,孙悟空竟赤条条,随后扯下虎皮当作围裙,换上黄色的直裰衣,袖口紧束,戴金黄色的僧帽,束红色腰带,足蹬布鞋。孙悟空以这一身装扮陪着唐僧走完了取经的漫漫长路。在不同的环境下孙悟空的衣着虽略有变化,但以此为主。

孙悟空

　　唐僧的服饰在《西游记》中一直比较固定,作为唐朝圣僧前往西天取经,其所穿服饰自然要代表整个国都的精神面貌。出行之时,如来佛祖赐给唐僧"金襕袈裟"以及"九环锡杖"两样宝贝。"金襕袈裟"用红布制成,其中的福田格用的是金丝线进行分割,质料非常珍贵,这也成为众妖精们抢夺的法宝之一。唐僧所戴之冠称为"五老冠",用五片莲瓣合围而成,莲瓣

上绘有东南西北中五方天神的图像,两侧各有一条长长的剑头带垂下,这种冠一般在重要的法会上佩戴。沙僧的服饰在《西游记》中是这样描述的:"身披一领鹅黄氅,腰束对攒露白藤。顶下骷髅悬九个,手持宝杖甚峥嵘。"当他遇到唐僧之后,就弃用鹅黄氅改穿了直裰衫。猪八戒的服饰相比其他主角就很有特色,因为胖的缘故,所以两襟敞开,衣袖宽大,袒胸露乳,大腹便便,裤腰带也只能系在肚脐以下的部分。

除了四位主角之外,《西游记》中还有大量的神仙,小说对如来佛祖的服饰这样描写:"敞袖飘然福气多,芒鞋洒落精神壮。"观世音菩萨的穿着为:"璎珞垂珠翠,香环结宝明,乌云巧叠盘龙髻,绣带轻飘采凤翎。碧玉纽,素罗袍,祥光笼罩;锦绒裙,金落索,瑞气遮迎。"《西游记》对于观音菩萨的穿着前后描写略有不同,但观音手托玉净瓶,穿素雅长袍,被祥云笼罩的形象早已深入人心。

《西游记》中的神仙以及妖精还有很多,服饰的种类丰富多彩,不胜枚举,这里限于篇幅不一一罗列。作为一部神话小说,《西游记》向我们展示了人、神、妖不同风格的服饰样式,这些服饰不仅完美地塑造了一个个活灵活现的人物,也极大地影响了后来的戏剧与绘画艺术。

《三国演义》与服饰

《三国演义》为明朝初期罗贯中所著,描写了从东汉末年一直到东晋初期将近一百年的历史进程,叙述了魏、蜀、吴三国争霸的故事,塑造了一大批家喻户晓的英雄人物。全书将人物基本分为两大类型,一类是武将,另一类为士人。武将冲

锋陷阵,服饰必然以铠甲为主。当时人们所穿铠甲主要有唐
猊甲、五折钢铠、筒袖铠、烂银铠、金珠璎珞等。唐猊甲是三国
武将常穿的一种铠甲,也叫作"狻(suān)猊甲"。"唐猊"是古代
传说中的一种猛兽,皮甲坚韧,可以用来制作铠甲,后来也用
这种称呼形容上等良甲。吕布就曾穿此甲上阵。《三国演义》
这样描写:"只见吕布顶束发金冠,披百花战袍,擐唐猊铠甲,
系狮蛮宝带,纵马挺戟,随丁建阳出到阵前。"诸葛亮曾命人制
作了"五折钢铠",打制这种铠甲需要用到百炼钢法,钢片经过
五次反复锤炼才能锻造而成。一般的箭矢无法击穿这种铠
甲,从而大大增强了部队的战斗力。为了强化蜀军的装备,诸
葛亮又发明了一种"筒袖铠",这种铠甲在三国至南北朝时期
被普遍使用,整体都由鱼鳞状的铁甲片交叠而成,仿佛一个圆
筒将人的胸、腹、背保护住。铠甲为圆领,肩部、上臂以及腋下
都被铁筒袖甲罩在内,这也是筒袖铠名称的由来。《南史》记
载:"御仗先有诸葛亮筒袖铠、铁帽,二十五石弩射之不能入。"
烂银铠是一种闪亮的银制铠甲,这里的"烂"是灿烂的意思,如
亮银一般,闪闪发光。《三国演义》中描述道:"孙坚披烂银铠,
裹赤帻,横古锭刀,骑花鬃马。"烂银铠的外层涂有银漆,穿在
身上亮丽威严,当时东吴武将都穿这种铠甲。金珠璎珞是南
蛮兀突骨与木鹿大王等人所戴的披挂,起着装饰的效果,《三
国演义》中这样描述兀突骨:"日月狼须帽,身披金珠璎珞,两
肋下露出生鳞甲。"除上述铠甲服饰以外,还有铁札凯、柳叶
甲、龙鳞甲、雁翎甲等,在此不作详解。

　　文官之中以诸葛孔明的形象最为大家所熟知,《三国演
义》中这样描写他:"头戴纶巾,身披鹤氅,飘飘然有神仙之
慨。"小说中多处描写孔明的服饰均为羽扇纶巾,身披道袍。

很显然这种服饰的搭配已经形成了一种特定的文化标志，以至于老谋深算的司马懿在战场上也很难分清其真假身份，导致溃败。从这个角度来说，服饰已经成为了一个人物的标志，人衣一体，见其衣如见真人。孔明所戴纶巾也称为"诸葛巾"，一般用青色的葛布制作而成。

诸葛亮

鹤氅也叫作"神仙衣"，是用仙鹤的羽毛制成的披肩，因此得名。到了后来，鹤氅演变成披风和斗篷，有御寒的作用。明朝时，鹤氅已有些许改变，两袖宽大，衣缘镶边，两襟中间有带子相连，为士大夫阶层所使用。

当时文官都穿黑红相间的玄端服，戴进贤冠。进贤冠是百官朝见皇帝时所戴的黑色礼帽，自汉代开始已经非常流行。此帽自前额处有帽梁伸出，止于后脑处，帽梁前高后低，有一

定的斜度。东汉时期开始,帽下留有平上帻,两侧有带子垂下
系在下颌处,起固定作用。

进贤冠

《三国演义》对于服饰的描写并不是很多,也不够详细,但
这些描写已让我们领略到了三国时期特有的服饰文化。其中
一些角色的服饰已经成为读者内心不可更改的符号,与角色
本身的性格连为一体,在历史长卷中留下深深的烙印。

《水浒传》与服饰

《水浒传》由元末明初施耐庵所著,描写了北宋末年宋江
领导的农民起义军从起义、壮大到最终以失败告终的整个过
程,反映了宋徽宗时期官场的黑暗腐败,同时歌颂了梁山一百
零八将可歌可泣的英雄事迹。这一百零八个英雄好汉都有一

身好武艺,在穿着打扮上也各有特色。帽子的描写在《水浒传》中多次出现。对于被逼上梁山的众英雄好汉来说,一顶毡笠不仅可以遮阳避暑,也能在关键的时候挡住面容,方便行事。毡笠由羊毛或者其他动物的毛皮制成,帽檐较宽。小说中人物多戴一种范阳毡笠,且毡帽多为白色,顶上配有红缨。如描写杨林时就说道:"白范阳笠子,如银盘拖着红缨。"而小说中负责押送生辰纲的杨志戴的则是凉笠儿,这种毡笠由竹片或者长草编织而成,最大的功能就是遮挡暑气。除了毡笠之外,还有暖帽以及头巾这类较为常用的帽子。绦是一种系在腰间用于装饰的带子,身份显赫的人都会佩戴高档的丝绦,例如宋徽宗所戴的就是"文武双穗绦",小旋风柴进所佩戴的是"玲珑嵌宝玉绦环"。而普通人所戴的绦子则简易许多,小说第一回描写道童为"腰间绦结草来编";武松在听闻武大郎去世之后,便命令士兵为自己扎一条麻绦系在腰间,这是穿孝服必需的配饰。在衣服的穿着上众头领不尽相同,由于涉及人物过多,这里仅介绍几个人物的服饰。

　　宋江是贯穿小说始末的核心人物,对于宋江的服饰穿着小说是这样描写的:"头顶茜红巾,腰系狮蛮带,锦征袍大鹏贴背,水银盔彩凤飞檐。抹绿靴斜踏宝镫,黄金甲光动龙鳞。"其中"狮蛮带"指的是在腰带上装饰狮头或者蛮王的形象,"锦征袍"是出征将士们所穿战袍,同时也指出门在外的旅人所穿长衣。辅佐宋江出谋划策的军师以吴用最为有名,小说中对于吴用所穿服饰这样描写:"五明扇齐攒白羽,九纶巾巧簇乌纱。素罗袍香皂沿边,碧玉环丝绦束定。"这样的形象不免让我们联想到《三国演义》中的诸葛亮,他们都扮演智者的角色,在服饰上自然也十分相似。

　　《水浒传》中的武将,有一人从穿着打扮到所持武器都酷似《三国演义》中的关羽,这位将领就是关胜。书中明确指出关胜乃三国名将关羽的后代,同使一把青龙偃月刀,人称"大刀关胜"。书中这样描写其穿着:"蓝靛包巾光满目,翡翠征袍花一簇。铠甲穿连兽吐环,宝刀闪烁龙吞玉。青骢(cōng,青白色的马)遍体粉团花,战袄护身鹦鹉绿。"这样的装扮告诉人们他是军中一位大将。

　　梁山一百零八将中女性角色并不多,一丈青扈三娘是其中的一位,小说中这样描写她的装扮:"露出绿纱衫儿来,头上黄烘烘的插着一头钗环,鬓边插着些野花……下面系一条鲜红生绢裙,搽一脸胭脂铅粉,敞开胸脯,露出桃红纱主腰,上面一色金钮。"

扈三娘

《水浒传》围绕梁山众头领叙说了一个个富有传奇色彩的故事，从服饰的角度我们看到了不同角色的生活状态以及他们的社会地位。除了上述这些服饰外，小说《水浒传》中还有大量的人物服饰值得我们去研究。

《红楼梦》与服饰

《红楼梦》在四大名著中的影响力最为深远，说它是一部社会生活的百科全书丝毫不为过。曹雪芹在勾勒人物的外表时，对于服饰的设计非常讲究。在当时，穿着不同服饰的人们，其社会地位也大不相同。

贾宝玉是贯穿小说的重要人物，曹雪芹对他的服饰描写非常细致，而且笔墨很多，在前八十回中对宝玉的服饰的描写就有十多处。如第三回中对林黛玉初见贾宝玉时场景的描述："头上戴着束发嵌宝紫金冠，齐眉勒着二龙抢珠金抹额；穿一件二色金百蝶穿花大红箭袖，束着五彩丝攒花结长穗宫绦，外罩石青起花八团倭锻排穗褂；蹬着青缎粉底小朝靴……项上金螭璎珞，又有一根五色丝绦，系着一块美玉。"这里的"紫金冠"为明朝的冠式，是一种罩在发髻上的小金冠，冠上常有绒球、珍珠、宝玉用以装饰，并在金冠两侧雕有龙、凤图案。"抹额"也称额带，戴在额头上，用玉或者刺绣进行装饰。抹额原本是北方少数民族为了驱寒所戴。到了清朝时期，这种抹额已经成为当时流行的装束，无论是名门望族还是平民百姓都戴此物。贾宝玉所戴的"二龙抢珠金抹额"颇为金贵，前额处镶有金玉宝珠，两侧各绣有一条舞动的金龙。箭袖指袖身至袖口逐渐收拢，这种款式的衣袖源自北方少数民族，因为北地寒冷,袖口也会加厚,这样在骑射时能够方便地将袖口翻卷起来,增加灵活性。到了清朝,这种袖制已经广为流传。箭袖在发展过程中渐渐演变出了另外一种袖制——马蹄袖,它在箭袖的基础上进行修改,将直筒状的袖口改为了马蹄形。两种袖制互不相同,不可混为一谈。

　　林黛玉是个美人儿,小说中对于她的服饰描写相比贾宝玉而言少了一些,第一回中曹雪芹交代了林黛玉的前世:"遂得脱却草胎木质,得换人形,仅修成个女体,终日游于离恨天外,饥则食蜜青果为膳,渴则饮灌愁海水为汤。"这就注定了转世之后的林黛玉在服饰上的选择是素雅的,这也符合她"质本洁来还洁去,不教污淖陷渠沟"的人格特质。小说第八回

林黛玉

描写林黛玉进屋时"外面罩着大红羽缎对襟褂子",前文中写到林黛玉是绛珠草转世,这样一个清新脱俗的女子在常人的眼中应该穿素色的衣服,然而在曹雪芹的笔下,用艳丽的色彩展现黛玉"弱不胜衣"的体态实属匠心独运。第四十九回写道:"黛玉换上掐金挖云红香羊皮小靴,罩了一件大红羽绉面白狐狸皮的鹤氅,系一条青金闪绿双环四合如意绦。"高鹗在第八十九回中对黛玉有较为详细的服饰描述:"但见黛玉身上穿着月白绣花小毛皮袄,加上银鼠坎肩,头上挽着随常云髻,簪上一枝赤金扁簪,别无花朵,腰下系着杨妃色绣花锦裙。"这里的"杨妃色"指的是粉红色。月白色的鹤氅、银色的坎肩以及粉色的锦裙交相辉映,表现出黛玉娇美柔和的气质中散发出孤冷与清傲。

《红楼梦》是中国古代小说的典范,内容十分丰富,仅从服饰这个角度看就有非常丰富、翔实的描写,这也是我们今天研究《红楼梦》一个重要的因素。小说中所述人物非常多,而不同人物的穿着各不相同,曹雪芹在描写每个人物时也都埋下了伏笔,例如第二十七回的标题为"滴翠亭杨妃戏彩蝶,埋香冢飞燕泣残红",这里很明显将薛宝钗比作杨贵妃,而将林黛玉比作赵飞燕。而高鹗在第八十九回中将黛玉的裙子描写为"杨妃色",显然没有揣测出曹雪芹的意图。读者通过小说中人物的服饰可以看出每个人的性格特征以及内心的想法,由此可以更深刻地理解这部伟大的作品。

戏曲与舞蹈服饰

中国的戏曲服饰十分丰富，在舞台上既可以装扮成男女老幼，也能演绎出贫穷富贵。无论是俊朗小生，还是丑陋鬼神，都能够找到相应的服饰。这些服饰与戏曲表演相得益彰。戏曲服饰千变万化，体现在衣服的质料、颜色与花纹之中，每一种服饰都代表着一个人物的独特的品格。在衣服款式的设计上也进行了艺术性的夸张，让观众一眼就可以分辨出忠与奸、贫与富。人所穿着的服饰作为视觉最先感受到的人物形象，有着其他方面不可替代的重要性，观众也习惯了通过服饰来辨认相应的角色，随之被带入到剧情之中。

舞蹈服饰与戏曲服饰有所不同，虽然也是五彩缤纷、光彩耀人，但舞蹈服饰更加贴近生活，因为参与舞蹈的人数非常多，所以很多服饰都是由当地百姓们结合当地地域文化自发研制出来的，具有浓厚的地域特色，不同种类的舞蹈服饰其外观大为不同。

戏曲服饰

戏曲服饰虽然各式各样，但也必须遵循造型艺术的规则，同时也受到风格以及流派的影响。戏曲服饰分为五大类，分别是蟒、靠、褶、帔、衣。

"蟒"就是蟒袍,长袍上绣有蟒纹,因此而得名。明代沈德符所著《野获编》记载,蟒衣上刻绘有龙的纹案,与皇帝所穿的袍服相似,但是所绘龙纹上少一只爪,蟒只有四只爪。每逢庆典时,百官都穿蟒袍,这个时间段也称为花衣期。妇女如果有封号也可以穿着。男式蟒袍均绘有四爪的蟒纹,女式蟒袍则绘有龙凤图案。从整体上看,蟒袍具有很强的装饰性,具有非常宽阔的水袖,显得庄严肃穆。服饰上所绘龙纹靓丽尊贵,同时也富有活力,能够很好地表达演员的情感。蟒袍也分为红团龙蟒、黄团龙蟒、白团龙蟒、绿团龙蟒、黑团龙蟒、戏珠行龙蟒、箭蟒、老旦蟒、盘身大龙蟒、旗蟒等。团龙蟒纹样非常规整,图案呈对称分布,每一条龙蟒都蜷缩成一团,全身共计十个龙团,其余空白处有祥云作为陪衬。戏珠行龙蟒的行龙躺在腹部,这样是为了避开长长的胡须,让龙纹更加醒目。箭蟒保留了齐肩的圆领、大襟、两侧开衩的特点,不同之处在于用窄小的马蹄袖取代了原本宽大的水袖。其余蟒袍各有特色,不做详述。

"靠"为将士的铠甲,源自于清朝将士所穿的棉甲戎服,后来渐渐变成戏曲中武将的戎服。靠在前胸与后背各有一片,上面绣有鱼鳞纹,圆领窄袖。靠分为硬靠与软靠。硬靠的背后可以插三角形的靠旗,软靠不插旗。靠旗源自古代的令旗,相比而言靠旗要大得多,出场时演员身背四面靠旗,绣有"单龙戏珠"的图案。除了硬靠与软靠之外,还有霸王靠、关羽靠、改良靠、女硬靠等。霸王靠为项羽专用,在腹部围有一圈水平的网穗。到了清朝,霸王靠上的鳞甲片从鱼鳞形改为方形。关羽靠非常华贵,甲片的边缘都挂有金色网穗,并缀孔雀翎纹案。改良靠由周信芳所创,将靠改为上衣下裳制,加上束腰,较之前的靠而言,改良靠更加紧贴身体,双肩立有虎头,甲片边缘挂排穗,不插靠旗。女硬靠绣凤凰、牡丹,靠肚之下缀有飘带,附有云肩,肩部衬有荷叶袖。女硬靠色彩夺目,体现出女子的阴柔之美。

硬靠

"褶"为一般百姓所穿,或者是皇帝、将相的衬衣。男褶斜领大襟,女褶小领对襟。褶衣的颜色分为花、素两种,花色多用于富贵人家,平民百姓则多用素色。褶衣分为文小生花褶、花托领花褶、武小生花褶、花脸花褶等。文小生花褶为书生所穿,色彩简洁明快,绣有栀子花,很好地体现了书生文静的气质。花托领花褶为贫穷书生所穿,在领部绣有纹饰,领外还加有一圈纹案,称为"双托领"。除此之外全身的纹饰非常少,偶

尔也绣有梅花以示清风高节。武小生花褶为地位较高的儒将所穿，衣领、袖口、前后袍面均绣有连续的花纹。花脸花褶为性格豪放的人物所穿，周身绣有栀子团花。

"帔"源自明代贵族所穿的宽袖褙子，对襟大领，左右两侧开衩，为水袖。帔的形式较为休闲，在制作工艺上帔要比蟒袍简单很多，在戏曲中作为王侯将相的常服。帔也分为皇帔、女皇帔、红帔、团花帔、女红帔、均衡女花帔、老旦皇帔、观音帔等。皇帔专为帝王所用，淡黄色，绣有金色团龙纹，须内衬褶子。女皇帔为皇后与皇妃专用，淡黄色，帔上绣有团凤纹，下身穿百褶裙，裙子绣有红花绿叶。红帔用于状元登科、婚礼庆典以及家人团圆的场合，全身绣有团花的纹案。团花帔有紫

明代婚服

红色、古铜色以及深蓝色等颜色，为官吏与地方乡绅所用，颜色较为沉稳，全身绣有团寿或者团鹤的吉祥纹案。女红帔与男红帔相对，两者的颜色几乎一样，只不过女红帔下身有百褶裙。均衡女花帔为大家闺秀所用，帔子所绣图案与其他不同，为栀子花，四周的兰草与蝴蝶并不完全对称，但数量上保持均衡。老旦皇帔用于太后，淡黄色，绣龙凤团纹，下身为墨绿色的大褶裙。观音帔为观世音菩萨专用，底色为白色，上面绣有墨色或者银色的竹子。

　　"衣"指除了蟒、靠、褶、帔以外的其他戏服，种类繁多，有狮开氅、麒麟开氅、罪衣、茶衣、彩婆袄、刽子手衣等。开氅为便服，颇有气派，为武将平时所穿。戏曲之中将其夸张演绎，穿着者皆为山大王或者惩恶扬善的侠士。狮开氅为大襟领，多以绿色为主，绣有"双狮绣球"的纹案，衣长没过脚。麒

立领大襟

麟开氅一般为黄色，绣有龙头、狮尾以及牛蹄组成的麒麟纹。罪衣分为男、女两款。男士罪衣为红色，大襟立领，袖口窄小。由于红色象征着吉祥，人们使用这种颜色也是为了营造喜庆的气氛，冲淡死囚临刑前的不吉气氛。女罪衣为对襟立领，同样为窄袖，衣服边缘都绣有花纹图案。茶衣是平民所穿的服饰，因其颜色似茶色而得名，对襟大领，袖口紧束。彩婆袄为丑婆

所穿,宽衣大袖,衣缘装饰十分精美复杂,裤腿很肥,需束裤脚。这种滑稽的服饰对于彩婆这种喜剧角色却十分适合。刽子手衣顾名思义,为刽子手所穿,对襟立领,袖口紧束,腰间系有红色短裙,衣缘处镶黑边。

戏曲服饰的分类非常明确,涵盖了社会生活中的各种人物角色。戏衣的面料多用绸缎,也有用布帛的,依照人物身份、地位的不同,所穿服饰的面料也不尽相同。衣服的纹饰也有很多,有蟒纹、凤纹、兽纹、鸟纹、花卉、鱼、祥云等样式。每一件戏衣都有自己独有的特质,在舞台上可以将不同角色的身份、性格烘托出来,以增强舞台效果。

舞蹈服饰

自原始社会开始,就已经有了巫术以及与图腾有关的舞蹈,人们将自己装扮成各种各样的动物形象,穿上兽皮做的衣服,头上插满鸟兽的羽毛,翩翩起舞,大家共同祈祷生活安宁,来年有大丰收。这些装扮对后世的戏剧舞台服装表现有着深刻的影响。周代时有一种驱鬼的舞蹈,称为傩舞,据《周礼》记载,方相氏的手掌上蒙了熊皮,带着黄金制成的面具,手持矛与盾,驱赶邪祟鬼怪。方相氏就是指宫廷之中的司傩,专门掌管巫术仪式,这种活动一般都在年末时举行。东汉郑玄在注释中提到,司傩在举行仪式的时候都戴着熊皮面具,以驱赶瘟疫,就像现在的魌(qī)头(古时驱鬼所戴面具)一样。据《论语》记载,孔子看见乡间驱傩的舞蹈队伍朝这边过来,赶忙穿着朝服,肃穆而立,恭候他们的到来。傩舞一直传承至后世,到了汉唐时期,方相氏依旧戴着熊皮面具,穿着黑色的上衣与红色的裙子,手持戈、盾。在宋代,方相氏所穿服饰已不同于以往,"绣画色衣,执金枪龙旗"。到了明清时期,傩舞其驱鬼的作用已渐趋淡化,而渐渐演变成了戴着面具舞蹈的"傩戏",以娱乐大众为主。

《诗经》《楚辞》也记载了一些其他民间表演艺术,以杂技为主,在汉代时称为"百戏"。秦始皇陵出土的百戏俑形态各异,神采飞扬,这些陶俑表现了当时舞蹈的基本情况:女子大多穿着宽大的衣服,衣袖较长,下身着长裙。可以想象到舞蹈时女子足尖点花、飘飘欲仙的状态。有些出土的陶俑为男子,头扎发髻,赤裸上身,下身穿短裙,裙摆至大腿处,露出膝盖,其服饰多用红色和紫色来描绘。直至今日,秦陵百戏俑尚未完全挖掘,尚有许多陶俑身着款式不同的戏服,有待进一步研究。

汉代舞服最大的特点是衣袖很长,因此也有"长袖善舞"的说法。张衡在《观舞赋》中描写女子的舞服非常轻薄美丽,在悠扬的歌声中挥动长长的衣袖掩面而舞。山东汉墓画像上绘有石鼓舞图,一人仰面弯腰,双手举起挥袖起舞;另一人腹部向上,折腰而舞,彼此呼应,相互协调。两者所穿衣服均为交领,袖身宽大,袖口处收紧,接一条长长的彩袖,将双手藏于内,舞蹈时双袖摆动宛如仙女一般。成都曾家包汉墓中的画像上,绘有舞女穿无跟的舞鞋,手持飘带、衣袂翩翩的景象。这种无跟的舞鞋叫作"靸(sǎ)鞋"。

唐代舞蹈有着非常辉煌的成就,唐初期有《十部乐》,由隋炀帝所创《九部乐》修改而来。《十部乐》包括《燕乐》《清商伎》《西凉伎》《天竺伎》《高丽伎》《龟兹伎》《安国伎》《疏勒伎》《康国伎》《高昌伎》等内容。除了《燕乐》与《清商伎》之外,其他乐曲都是少数民族的乐舞。《燕乐》分为四个部分,每个部分舞者

所穿舞服各不相同。其中《景云乐》部分舞者穿花锦袍,下身着五彩的绫(柔软轻薄的丝织品)袴(同今天的裤),戴云冠,穿乌皮靴。《庆善乐》中部分舞者穿紫色的绫袍,袖口宽大,下身穿丝布制成的袴,戴假发。《破阵乐》部分舞者穿红色的绫袍,衣领以及袖口都由锦制成,下身着红色的绫袴。《承天乐》部分舞者穿紫袍,戴进德冠(赏赐给大臣之冠),腰间束有铜带。《清商伎》舞者有4人,所穿服饰为碧清纱衣,裙襦大袖,衣服上绘有美丽的云彩图案;头上梳的是漆鬟髻,发髻上装饰金铜的杂花,形状如同雀钗;脚上穿的是锦履。此外,《高丽伎》的舞服非常符合高丽人的传统,穿黄色的裙襦,其袖很长。《龟兹伎》《安国伎》《疏勒伎》《康国伎》以及《高昌伎》都符合游牧民族的生活习惯,舞者均穿皮靴。《天竺伎》的舞服则是袈裟,与僧人的装扮相符。

唐代舞蹈服饰

宋以后的舞蹈形式亦有变化与发展,于此不赘。舞服的变化反映了每一个朝代不同的审美情趣,中国历史上舞服的形式各种各样,却又有着共同的特点,即衣袖宽大。中国古代将舞蹈写意化,强调舞者在音乐的伴奏中纤手微展,飞如惊鸿,身轻如燕,瑞彩蹁跹,所以在舞服的选择上多为宽衣大袖,以表现舞蹈内在的美感与寓意。

神话传说中的服饰形象

神话传说是人们幻想的故事,反映出当时人们对于未知世界的遐想以及认识与征服大自然的夙愿。这些故事往往都带有浪漫主义色彩。在丰富多彩的故事中,服饰成为了区别人、神、鬼、怪的重要标志。这些幻想出来的服饰也是百姓们在当时所见所闻的基础上创造而来的,因此具有很强的时代特征。

王母娘娘也称为西王母,是护佑婚姻与生育的女神。《山海经》记载西王母与人很像,有豹尾与虎齿,善于咆哮,蓬松着头发,戴玉胜等首饰。一些学者认为《山海经》中的豹尾与虎齿也可以理解为戴着虎齿项链,腰间系着豹尾作为配饰,这样的描绘很明显带有远古时代野蛮部族的特征。敦煌莫高窟的壁画中也有西王母的形象,身穿宽大的棕色长袍,坐在彩凤牵引的车中,衣袂翩翩。从这里我们也可以看出,王母娘娘的形象随着时代的变迁也随之发生了很大的变化,这也是神话人

物独有的魅力。

　　黄帝是中华民族的初祖之一,他统一了天下,创造了中华文明。关于黄帝的服饰没有详细、具体的文字描写,但可以从相关的历史记载中得知其装束。陈建宪所著《玉皇大帝信仰》一书记载了黄帝有四只眼睛,以便环顾四周观察动静。宋代罗泌所著《路史》记载,黄帝最初制有衮服(古代天子祭祀时所穿礼服)、冕服、黼黻(fǔ fú,古代官服上黑白或者黑青相间的花纹)、深衣等。《史记·五帝本纪》记载,在黄帝之前衣服与房屋都还未曾出现,一直到了黄帝才开始建造房屋、制作农服,百姓们才能避免遭受苦难。朱和平在《中国服饰史稿》中写道,黄帝时废除了兽皮所制的衣服,穿着上衣,象征天;穿着下裳,象征地。上衣下裳从此相互连接,影响了后世几千年的服饰制式。张志春所著《中国服饰文化》记载,皇帝一直穿着黄色的衣服,汉代的道教崇尚老子与黄帝,冠与服皆用黄色,后世延续下来成为了习惯。

冕

　　哪吒是中国古代神话传说中的人物之一,俗称"三太子",是《西游记》《封神演义》等许多小说中重要的角色。在文学作品中,哪吒的形象被描写为:身材不高,声音却洪亮,样貌冷峻,不怒自威,目光十分凌厉,头顶梳总角。这里的总角指的是古代孩童在八岁到十三岁之间,需要将垂发扎成发髻,左右各有一个,形状如角一般,头发披下来刚盖住脖颈,前额处无毛发。《西游记》第五十一回描写哪吒的服装为"绣带舞风飞彩焰,锦袍映日放金花。环绕灼灼攀心镜,宝甲辉辉衬战靴"。这里的"绣带"指的是哪吒手上拿的混天绫,身上所穿的锦袍金光闪闪,明艳的丝绦环绕周身,胸口配有护心镜。哪吒所持武器非常多,在《封神演义》中用的有百变乾坤圈、霹雳混天绫、金砖、阴阳剑、紫焰蛇牙枪以及九龙神火罩等,而在《西游记》中则用到金霞风火轮、斩妖剑、砍妖刀、缚妖索、降妖杵以及绣球儿。

哪吒

九天玄女俗称九天娘娘,相传是一位法力无边的正义女

神。《水浒传》中提到宋江在还道村被九天玄女所救，并收到其赠与的三卷天书，从而破了辽军的阵法。小说中描写道，九天玄女在发髻处插有九龙飞凤的发簪，身穿轻薄的丝织衣，系着金色的丝绦，着一席长裙，腰间束蓝田玉制成的腰带，衣袖为彩色，佩戴着名贵的白玉。

八仙是民间广为流传的道教神仙，这八位神仙都由凡人演变而来，所以对于百姓而言非常亲切。其中铁拐李用金箍将散乱的头发束起来，胡须卷曲，目光炯炯，右足跛，拄铁拐。曹国舅在八仙中地位最尊贵，着一席红色的官袍，头戴纱帽，乌发续须，腰间束镶满玉石的腰带，足登黄金履。吕洞宾道号纯阳子，为全真道的祖师，因为吕洞宾曾戴一种顶部有折叠的头巾，所以后来人们就将这种头巾取名为"纯阳巾"，身穿黄色的宽袖长袍，系黑色的丝带，腰佩宝剑，手持拂尘。据说吕洞宾自言宝剑可以挥去烦恼、嗔怒与贪欲。蓝采和因穿蓝色的衣衫得名，衣服很破，一只脚穿鞋，另一只脚光着，夏天披着丝棉絮，冬天则睡在雪地里，手持三尺余长的大拍板，唱着歌呈酒醉状。据说蓝采和于酒楼上饮酒，忽然听到有笙箫的声音，于是脱下鞋子和衣衫，解开腰带，扔下拍板踏云而去，从此成仙。汉钟离号正阳子，身高八尺，为东汉大将，因为兵败入终南山，遇到东华帝君授之以道。传说中汉钟离头顶梳有两髻，袒胸露乳，手持棕叶扇，目光有神，留有卷曲的连鬓胡须。张果老是八仙之中年龄最大的一位，头发与胡须均已花白，宽衣大袖，手持竹筒，倒骑毛驴。传说中张果老可以日行百里，而休息时能将毛驴收进巾箱。何仙姑是八仙之中唯一的女性，容貌美丽，手持荷叶，着红白相间的衣裙，摘红花当作发簪插于发髻，腰间系有红色丝绦。韩湘子拜吕洞宾为师，相传道教音乐《天花子》就是出自他之手。据正史记载,唐朝大文学家韩愈的侄子不喜欢读书,整天修行道术,经过长期的修炼,能够施展神奇的法术。人们将其事迹编成故事,于是诞生了八仙之一的韩湘子。

韩湘子

　　钟馗捉鬼的故事在民间广为流传。在唐代吴道子所绘钟馗画像的卷首中对钟馗有这样的描述:钟馗蓬发虬髯,面目狰狞,身穿蓝色长袍,裸露着一只手臂,脚穿皮靴。敦煌文书之中有唐代的《除夕钟馗驱傩文》,上面这样描述:傩的仪式之中,钟馗戴着钢头银额,披着豹皮,身上用朱砂染红。在戏剧中,钟馗为黑脸虬髯,穿红色的官衣和靠甲,加用垫肩与垫臀,这样是为了突出钟馗的丑陋形象。官服与戎服的相互结合,显示出钟馗文武双全。

　　神话传说中的人物服饰比较特殊,它将人们生活中所穿的服饰进行美化,远离了生活,超出了当时人们所能接受的范围。即便如此,神话人物的穿着也深受社会文化的影响,远古时期的神话人物穿着兽皮与豹尾,步入封建社会之后,神话人物的穿着就随之发生了改变,例如玉皇大帝所穿服饰与当朝皇帝的服饰并无二致。儒家地位巩固之后,八仙之中就出现了许多穿着儒生服饰的形象。可以说神话人物的服装形式来源于生活,但又高于生活,为人们深深喜爱。

七 传承与变迁

　　服饰是一种历史符号。郭沫若曾经说过:"衣裳是文化的象征,衣裳是思想的标志。"古今中外,服饰从来都体现着一种社会文化,反映一个民族的文化素养、精神面貌和物质文明发展的程度。人的服饰能体现时代的特点和民族的风采,亦即每个时代的服饰,从质地、色彩到款式造型都呈现出一个时代共同的特征。

先 秦 曙 光

　　春秋战国是一个学术思想相对活跃的时期，出现了"百家争鸣"的局面，这其中就包括对服饰礼俗的争辩。在诸子论著中有大量篇幅涉及服装美学思想。这些服装美学观念实际上体现了这一时期各阶层人士在服饰观念上的差异。尚礼崇仁的儒家主张服饰应"约之以礼""文质彬彬"，孔子就认为服饰要合乎"礼"的要求，什么身份的人在什么场合、什么时候如何着装，应该恰当，只有这样才能体现出社会制度的有序和人的综合修养，也才符合社会规范。尚俭的墨家则与儒家明显不同，《墨子·辞过》记载，墨子认为服饰的实用功能是暖身，不必过分追求艺术性或是以此去显示身份。崇尚自然的道家提出"被褐怀玉""甘其食，美其服"的理念。"被褐怀玉"比喻虽然出身贫寒，但有真才实学，这种主张从根本上否定甚至反对服饰的修饰作用。道家这种服饰思想对后世魏晋时期尚通脱的士人的着装观念，影响甚为明显。推崇功利的法家则在否定天命鬼神的同时，提倡服装要"好质而恶饰"。这些服饰观念的流行使刚刚步入规范化时代的中国服饰的形制又出现了异彩纷呈的局面。

　　此外，由于各地地理环境的不同和生活习惯的差异，也使此时期的服饰多姿多彩。《墨子·公孟篇》记载，昔日齐桓公戴高冠，束宽腰带，手持金剑木盾治理国家，国家被治理得很好；

晋文公穿着宽大的布衣，披着白色的羊皮，腰间系着佩剑，将国家治理得很好；楚庄王戴着艳丽的帽子，穿着宽大的长袍，将国家治理得很好；越王勾践，剪发文身，也将国家治理得很好。这说明当时列国风俗，从发式到冠帽，从服饰到佩饰，都有各自的特色。如楚国崇尚戴高冠，即屈原《楚辞·九章·涉江》所谓"冠切云之崔嵬"。贵族男女不仅穿着丝履，还在履上装饰珠翠。魏国男子喜欢在黑衣之外，加上一件白色罩衣。齐国则因桓公本人的喜好，举国上下皆穿紫衣，出现了"五素不得一紫"的情况，即五匹白色织物尚抵不上一匹紫色织品。秦国尚武，勇士头上皆裹绛帕。赵国的儒生则身穿褒袖长衣，足蹑方履，走起路来两袖翩翩。平原君后宫佳丽数百，连婢妾都身披绮縠。赵武灵王更是独树一帜，干脆改易服制，效仿胡服。

身着胡服的士兵

所谓"胡服",实指西北地区少数民族(当时称为"胡人")的服装,这种服装与中原地区宽衣博带式的汉族服装有较大差异,一般多穿短衣、长裤和革靴,衣身紧窄,便于活动。赵武灵王改易服制之举,史称"胡服骑射",赵武灵王本人也因此成为我国服装史上最早的一位改革者。

《史记·赵世家》对于赵武灵王的这次改革有生动的描述:为了军事的强盛,赵武灵王欲引进胡服,但又顾忌改变周公、孔子传下来的衣冠礼仪之俗将会受到谴责,于是同先王贵臣肥义商议。肥义揣度武灵王心意后说:"大王既然已经决定抛弃原有的风俗习惯,就不要管天下人怎么议论你。"武灵王毅然实行胡服骑射,最后获得了成功。轻便的胡服适应了当时作战方式的转变,赵国军事力量因此得以迅速强盛起来。在河南汲县山彪镇出土的水陆攻战图铜鉴,向我们展示了身着胡服的战士形象。这幅图中共刻画了290多个人物,从中可以清晰地看出,这些人物穿着窄袖短衣,衣长不过膝,下着长裤,是典型的胡服样式。

与短衣、长裤相配套,这个时期的鞋履以靴子为主。靴子原来也是北方民族所特有的一种服饰。宋人高承《事物纪原》卷三《靴》谓,靴,"《释名》曰:本胡服,赵武灵王所作。《实录》曰:胡履也。赵武灵王好胡服,常短靿(靴或者袜的筒),以黄皮为之,后渐以长靿,军戎通服之"。赵武灵王同时引进的还有北方少数民族地区所习用的革带和冠式。《后汉书·舆服志下》记载,武冠俗称为大冠,四周垂有缨子,但没有悬垂的饰物;以青丝为织带,加双鹖鸟的羽尾,插在左右两侧,称之为鹖鸟冠。鹖鸟是一种勇猛的鸟,战斗时至死方休,所以赵武灵王用它来代表武士精神。赵武灵王实行胡服骑射后,胡服渐为

汉族人民所接受。这次民族服饰的融合,奠定了中华民族服
饰由交流而互相融合的良好基础。

　　尽管胡服的款式和穿着方式在当时颇为流行,但这一时
期盛行且具有代表性的服式却是深衣。中国古代服装的形制
在周以前主要是上衣下裳制,这种服装的具体样式,在现存的
石刻、玉饰、陶俑及铜器人物形象中仍有所反映,一般以小袖
为多,衣服的长度大多在膝盖上下,整件服装包括衣领、衣袖、
衣缘等处,都有不同形状的花纹图案,穿时在腰间系束绦带。
深衣的出现改变了两截穿衣的基本形式,将上衣、下裳连为一
体,合制成一件服装,即衣裳连属制。因形制简便、穿着适体
而深受欢迎,不仅用作便服,也用作礼服,甚至用作祭服;男女
尊卑全都穿着,蔚然成风。

深衣

　　先秦服饰在中国服饰演变史上有着非常重要的意义,它不仅奠定了上衣下裳制和衣裳连属制等中国服饰的基本形制,而且开始显露出中国服饰图纹富于寓意、色彩有所象征的民族传统文化意识。它就像一个远去的梦,印象模糊、朦胧,却又那样令人难以忘怀,因为那是我们的祖先精心创造的文化。

幽 幽 秦 汉

　　秦始皇统一中国后,为进一步巩固自己的统治,兼收了六国的车旗、服饰、车马、器用之类,创立的各种制度中包含了衣冠服制。这些制度的厘定,对汉代影响很大。汉代大体上保存了秦代的遗制,因而西汉初年的服饰与秦代服饰有许多相同之处。秦汉时期,随着社会经济的发展和各民族之间交流的活跃,社会风尚有所改变,人们对服饰的要求越来越高,穿着打扮日趋华丽、考究。汉文帝时,京师贵戚服饰的奢华程度远远超过了官府规定的范围,甚至一些贵族家庭中地位卑下的奴仆侍从,服装也必用绣有彩蝶的丝带,穿绮纨制成的衣服。饰物装束也更为珍贵,或用犀象珠玉,或用琥珀玳瑁,金银错镂,穷极美丽。

　　秦汉时期,男子几乎都穿袍服。秦始皇在位时,规定官至三品以上者穿绿袍、深衣,庶人穿白袍,多以绢制作。在两汉的400年中,男子一直以袍为礼服,领口、袖口处绣夔纹或方格纹等,大襟斜领,衣襟开得很低,领口露出内衣衣领,有的袍服下摆有花饰边缘,或打一排密裥,或剪成月牙弯曲之状,并根据下摆形状分成直裾与曲裾。当时袍服的制作日益考究,装饰也日臻精美。一些别出心裁的妇女,往往在袍上施以重彩,绣上各式各样的花纹,甚至在隆重的婚嫁时刻也穿这种服装。《后汉书·舆服志》记载,公主、贵人、妃嫔以上,嫁娶时可以获得精美的丝织衣——含12种颜色的重缘袍。

秦服

西汉时期,服饰实行"深衣制",其特点是蝉冠、朱衣、方心、田领、玉佩、朱履。从皇帝至各级官员,均佩长剑和绶,并以绶的颜色来区别等级。服色尚黑,皇帝郊祀之服都为"玄衣绛裳",即黑色上衣,红色下裙。皇后所穿祭祀服,上衣用绀色,下裳用皂色;皇后所穿蚕服,上衣用青色,下裳用缥色(清浅

黄色)。深衣形制最大的特征表现为上衣下裳连接在一起,也称为"禅衣""单衣",为无衬里的单层外衣。西汉杨雄所著《輶轩使者绝代语释别国方言》中提到:"禅衣,江淮南楚之间,谓之襜;关之东西,谓之禅衣;古谓之深衣。"由此可见,禅衣实际上与深衣名异实同。这种服装的基本样式大致分为曲裾和直裾两种类型。直裾禅衣开襟从领向下垂直,西汉马王堆出土的"素纱禅衣"就属于这种样式,既长且宽,男子穿着较多;曲裾禅衣开襟是从领曲斜至腋下,是战国时期较为流行的深衣款式,一直沿用至东汉。

秦汉妇女日常所穿之服,多为上衣下裙。上衣叫"襦",有长短之分,长襦下垂至膝盖,短襦则仅至腰部。古诗《陌上桑》中记载了采桑姑娘罗敷的装扮,"缃(浅黄色)绮为下裙,紫绮

汉服

为上襦"。这种上襦,就是短襦,即上身穿着淡紫色绫子做的短袄。东汉乐府诗人辛延年所作《羽林郎》中"长裾连理带,广袖合欢襦"之句,描绘的是少数民族姑娘所穿的一种带有对称花纹的短襦。汉代妇女礼服以深衣为尚,其特点是衣襟的绕转层数增多,衣服下摆增大,与战国时又有区别。穿着者腰身一般裹得很紧,并用一根绸带系扎于腰间。还有一种叫"袿衣"的服装,样式与深衣相似,在衣服的底部衣襟曲转盘绕形成两个上宽下窄如刀圭形状的装饰。

秦汉时期的军服,由出土的秦始皇兵马俑可见,陶俑所穿的上衣为铠甲和战袍。秦代将军身穿两层战袍,外面套上熠熠生辉的铠甲,一般武官穿战袍,胸腹部有护身甲胄。步兵中的铠甲武士,战袍带有铠甲,弩手身穿战袍,跪射者多带甲,立射者则不带甲。骑兵身穿紧身短袍,外披齐腰铠甲,袍袖窄小,袍的右襟褶于胸前右方,与步兵战袍左襟褶于背后不同。汉代军服基本沿袭秦制,冬季除披带甲胄外,上身还着有絮衣,以抵御风寒。所披甲胄从汉代陶甲俑看,为黑色铁制铠甲。

秦汉时,首服的式样有冠、帻、巾等款式,在不同场合给不同身份者戴用,而且官方规定和民间讲究都很严格。东汉永平二年(59年),孝明皇帝诏有司博采《周官》《礼记》《尚书》等史籍,重新制定了祭祀和朝服制度。其中,关于冠就有诸多式样。汉代官员戴冠,冠下必衬帻,并根据品级或职务不同有所区别。戴冠衬帻时,冠与帻不能随便配合,文官的进贤冠要配介帻,而武官戴的武弁大冠则要配平巾帻,"卑贱执事"只能戴帻而不能戴冠。

这一时期,男子外穿的足服,主要为高头或歧头丝履,上

绣以各种花纹;或是用葛麻制成的方口方头单底布履。另外,还有诸多式样和详细规定,如舄为官员祭祀之服,履为上朝时用服,屦为居家燕服,屐作出门行路用。妇女履式与男子大同小异,一般多施纹绣,木屐上也绘有彩画,再以五彩丝带系上。

从汉代开始,民族间的频繁交流使得服饰质料乃至图纹都融入了多民族的文化底蕴。服装面料上出现了源于古波斯的珠圈怪兽纹,以及西域常用的葡萄纹、胡桃纹、狮子纹和卷发高鼻的少数民族人物形象。新疆民丰东汉墓中出土的蓝印花布,说明这一时期织绣印染技术已达到了比较成熟的程度,这为秦汉追求服装色彩提供了一定的物质基础。

魏 晋 风 度

魏晋之世是"中国政治上最混乱、社会上最苦痛的时代,然而却是精神史上极自由、极解放,最富于智慧、最浓于热情的一个时代"(宗白华《美学散步》)。社会秩序的大解体、旧礼教的总崩溃、精神上的大解放以及人格上思想上的大自由,使魏晋之世的生活充盈着反对束缚、追求自由旷达的气息。在衣冠服饰上,崇尚飘逸、洒脱,以崇尚虚无、蔑视礼法、放浪形骸、任情不羁为尚的魏晋士人,更是独领魏晋服饰宽博的风流。南京西善桥出土的《竹林七贤与荣启期》砖印壁画表明这一时期的文人服装多以宽衣大袖为尚,长衫更成为魏晋之世男子服装中最具时代特色的服饰。

这个时期的衫子有单、夹两式。一般多做成对襟,中间

用襟带相连,也可不用襟带,两襟敞开。服装色彩则崇尚素
雅,尤以白色为多。衫子的穿法不尽相同,有的穿着在身,有
的披搭在肩,有的敞开领襟,有的袒胸露臂。穿衫子的士人
头上一般多梳丫髻,或戴巾子;闲居时趿鞋赤足,无所不有,
甚至披头散发,裸露身子。这些在《竹林七贤与荣启期》砖印
壁画中体现得淋漓尽致。壁画中的"竹林七贤",都穿着宽大
的衫子,衫领敞开,袒露着胸怀,其中,七人赤足,一人散发,
三人梳丫髻,四人裹巾,反映出当时士大夫阶层潇洒脱俗和
落拓不羁的品貌。

魏晋士人

衫与袍的区别在于袍有袪,而衫为宽大敞袖,由于不受衣
袪限制,魏晋之世的服装渐趋宽博,褒衣博带因而成为这一时
期的主要服饰风格。《晋书·五行志》记载,晋末,冠很小而衣裳
宽大,风流相放,这是地位低下之人固有的风俗习惯。北齐颜
之推《颜氏家训》也载梁代士大夫均好褒衣博带、大冠高履。

这种长衫"一袖之大，足断为两，一裙之长，可分为二"（《宋书·周朗传》）。转相流传，成为习俗，上自王公名士，下及黎庶百姓，均以宽衫大袖为尚。除大袖衫外，男子也着袍、襦、裤、裙等，当时的裙子也较为宽大，下长曳地，可穿于衫内，也可穿于衫外，腰间以丝绸宽带系扎。如此着装，给人一种超凡脱俗、飘忽欲仙的感觉。

魏晋之世，服饰上的开放气息在女子服饰上亦有体现。东汉以后妇女的服装样式一般以宽博为主，敦煌壁画所绘这个时期的妇女服装，无不褒衣博带，大袖翩翩。南朝梁简文帝《小垂手》中的"且复小垂手，广袖拂红尘"，以及吴均《与柳恽相赠答》中的"纤腰拽广袖，半额画长蛾"，都是咏南朝妇女宽衣的潇洒与标致的。北朝妇女也不例外，洛阳宁懋石棺线刻各阶层人物中着大袖衣的男女贵族，太原圹坡北齐张肃俗墓出土的着大袖合领衣的女陶俑等，都是很好的实物例证。这一时期，中原动荡，胡风南浸，汉族妇女的服饰由于受少数民族习俗影响，出现了不同程度的变化，比较明显的是服装式样由"上长下短"变为"上俭下丰"，由宽大博带变为窄袖紧身。晋人干宝《晋纪》在记述当时妇女服装习俗时称，泰始初年，上衣紧身合体，裙长曳地，着衣者都将腰部遮挡住。这种细腰、窄腰、上衣短小而下裳宽大的服装样式，从这个时期的陶俑、壁画上也可以看到，尤其是南京石子岗出土的女俑表现得最为明显。此时期，男子早已不穿的深衣仍在妇女中间流行，并且有所发展，主要是下摆部位作了改制。通常将下摆裁制成数个三角形，上宽下尖，层层相叠，形似旌旗。围裳之中伸出两条或数条飘带，走起路来，随风飘起，如燕子轻舞，煞是迷人。东晋大画家顾恺之的《列女传仁智图卷》中妇女所着"杂

魏晋服饰

裙垂髾服"，犹如"凌波仙子"，超凡清丽。妇女平时最爱穿的
服装则是裲裆、白练衫及各式长短裙，肩上披以五颜六色的
"帔子"。魏晋以来，裲裆、白练衫已较为时兴。1974年，江西
省博物馆考古队于南昌市东湖区永外正街清理了一座晋代夫
妇合葬墓，其中就有写有"白练复两当""白练夹两当"的木牍。
裲裆今谓坎肩、马夹，俗称背心，滥觞于汉代，其制多被做成两
片：前片挡胸，后片遮背；肩部及腋下用带系联，汉代多用作内
衣，魏晋以后可穿在外面，逐渐演变成一种便服。《晋书·五行
志》记载，元康末年，妇人出行都穿裲裆，加在交领之上，说的
就是这种情况。南朝齐、梁时，裲裆衫更成为有代表性的流行
服装，男女都穿，蔚成风气。白练衫即以白绢制作的衬衫之
类，亦为当时妇女所喜穿。帔子类似于后世披肩，有防寒和装

饰作用,两晋南北朝有花帔、红帔之分。西安草场坡出土北魏伎乐女俑,肩膀上披着的就是花帔子。

魏晋乱世,广大妇女群体在思想上、精神上获得了极大的自由,她们勇敢地追求个性解放,积极参加社会活动,在服饰上则追求丰富多彩。名目繁多、做工精细的首饰是当时妇女所普遍喜爱的。曹植《洛神赋》写道:

> 奇服旷世,骨像应图,
> 披罗衣之璀璨兮,珥瑶碧之华琚,
> 戴金翠之首饰,缀明珠以耀躯,
> 践远游之文履,曳雾绡之轻裾。

傅元《有女篇》诗云:

> 头安金步摇,耳系明月珰。
> 珠环约素腕,翠爵垂鲜光。

兵器首饰的出现则让广大妇女平添了几丝英武之气。《宋书·五行志》载,晋惠帝元康年间,妇女的饰物有五兵佩,即用金银、玳瑁制成斧、钺、戈、戟形状,当作发簪使用。

这一时期,服饰上的开放得益于胡、汉文化乃至异域文化之间的交流融合。原为北方民族所喜穿的裤褶等随着胡人一并进入中原,对汉族服装产生了强烈的冲击乃至改变了汉族服饰的风格。裤褶,是一种上衣下裤的服式,犹如汉族的长袄,对襟或左衽,不同于汉族的右衽,腰间束腰带,方便利落。晋代《义熙起居注》载,安帝下诏:各位侍官行军之时,如果没有准备朱衣(古代绯色的公服),带上裤褶即可。后来裤褶广泛流行于民间,男女均服。在裤褶的基础上又进一步发展出了缚裤。北方民族和中原汉族在服饰上互相取长补短，对当时服饰的风格产生了积极的影响。特别值得一提的是北魏孝文帝的改制，以法令的形式要求鲜卑人改穿汉人衣冠，促进了胡、汉服饰风格的交融。佛教传入后，莲花、忍冬等纹饰大量用于人们衣服装饰，佛教中的薄衣贴体服饰对于人们来说也颇感新鲜。由丝绸之路东来的异域文化则给当时的服饰带来了异域风采，像"兽王锦""串花纹毛织物""对鸟对兽纹绮""忍冬纹毛织物"等织绣图案，都是吸收了波斯萨桑朝及其他国家、民族的装饰风格的结果。

经过魏晋数百年的长期交融，到南北朝时期服饰渐趋合璧，步入隋唐盛世后，"兼容并蓄"的社会气象谱写了中国服饰史上更为瑰丽的篇章。

大 唐 风 韵

隋唐时期的男装，服式相对较为单一。头戴幞头，身穿圆领袍衫，脚登乌皮六合靴是这一时期男子的主要着装方式。这一既洒脱飘逸又不失英武之气的装扮，是汉族与北方民族服饰相融合的结果。官服则发展了古代深衣制的传统形式，于领口、袖口、衣裙边缘施加贴边，衣服前后身都是直裁的，在前后襟下缘各用一整幅布横接成横襕，腰部用革带紧束，衣袖分直袖式和宽袖式两种，窄紧直袖式便于活动，宽袖式表现潇洒华贵的风度。这种襕衫一直延传到宋代，仍为士人所穿着。隋唐之际，服色上的规定日趋严格，《旧唐书·舆服志》载，武德

初年,沿用隋朝的制度,天子穿燕服,也称为常服,只可以用黄袍及衫,后来渐渐使用赤黄,于是禁止士庶用赤黄色作为衣服及杂饰的颜色。唐人认为赤黄近似日头之色,日是帝皇尊位的象征,"天无二日,国无二君"。故赤黄(赭黄)除帝皇外,臣民不得僭用。把赭黄规定为帝皇常服专用色彩,从此黄色就一直成为皇权的象征。

隋唐五代时期的女子服饰,是中国服饰演变史中最为精彩的篇章,其冠服之丰美华丽,妆饰之奇异纷繁,都令人目不暇接。其总体态势,不仅超迈前代,后世也无可企及者,完全称得上是封建社会中一朵昂首怒放、光彩无比的瑰丽之花。

有唐一世,女子服饰形象主要分为襦裙服、胡服和男装。襦裙服主要为上着短襦或衫,下着长裙,佩皮帛,加半臂,足登凤头丝履或精编草履。初唐妇女服饰基本上承袭隋代而来,上身着窄袖短襦,下身着紧身长裙。襦一般以质地柔软的绫罗为之,领口常有变化,如圆领、方领、直领和鸡心领等。盛唐甚至流行起袒领,穿时里面不衬内衣,露胸脯于外。唐代诗人李群玉《赠歌姬》诗中的"胸前瑞雪灯斜照",方干《赠美人》诗中的"粉胸半掩疑暗雪"等,都是对这种装扮习俗的形象描述。妇女穿襦裙装时,配套服饰有半臂和披帛。这是襦裙装中的重要点缀。半臂类似今短袖衫,因其袖子长度在裲裆与衣衫之间,所以被称为半臂。披帛,是从狭而长的帔子演变而来的,后来逐渐成为披之于双肩、舞之于前后的一种飘带。这种古代仕女的典型饰物,起源于何时尚无定论,但至隋唐已十分盛行当毋庸置疑。唐代妇女在紧身襦衫外面披围于肩背之上的帛巾,多以锦或纱罗制作而成,长者可绕于臂弯,垂曳而下,于行走时随风飘动,形似"飞天",飘忽欲仙。在唐代中晚期,还流行过一种纱罗衫,黑色,穿时不着内衣,仅以轻纱蔽体,此衫薄如蝉翼,胸脯、臂膊的肌肤隐然可见。周昉《簪花仕女图》,以及周愤诗的"惯束罗裙半露胸"等诗、画,正是对这种大胆、开放的着装方式的描绘。唐代女子短小紧身的襦衫,配以艳丽宽阔的罗裙,更能展现女性健美、婀娜动人的体态。永泰公主墓前室东壁壁画所表现的十六位妇女,除四人男装打扮外,其余均着短衫、披帛,系曳地长裙,其中两位宫女衫领低开,胸乳依稀可辨,这些开放的服饰在唐诗中也多有描述。

唐服

隋唐妇女所垂青的裙子,其长度比前代有所增加,裙裾曳地在当时是常见的现象。尤其是富家女子,为了显示裙子的修长,着裙时多将裙腰束在胸部,有时甚至束在腋下,裙子的

下摆则盖住脚面,有时还在地下拖曳一截。唐人诗文中常提及这种情况,如王建《宫词》云:"黛眉小妇呀裙长",孟浩然《春情》诗云:"坐时衣带萦纤草,行即裙裾扫落梅",都是对这种长裙的描述。当时的裙子不仅修长,而且宽度也很宽,大多用六幅布帛拼制而成,因而有"裙拖六幅湘江水"的形容。按《旧唐书》所记载的布幅宽度推算,唐代的"六幅",相当于今天的三米,其裙子的宽度可想而知。如此宽的裙幅,一方面造成了用料上的极大浪费,另一方面也影响到穿着者的活动,因而引起了朝廷的干涉。《新唐书·车服志》载,文宗继位,发现全国各地所穿的车服过分奢侈,于是下诏准仪制令:妇人所穿裙不超过五幅,曳地不超过三寸。

至于裙子的颜色,则以红色为尚,尤其是年轻妇女,更喜欢穿着鲜艳的红裙。当时染红裙的颜料,主要从石榴花中提取,因此人们也将红裙称为"石榴裙"。如前文已述的武则天《如意娘》诗云:"不信比来长下泪,开箱验取石榴裙。"后来,"石榴裙"就被当作妇女的代称。直至今日,我们仍可听到"拜倒在石榴裙下"的俗语。茜草也是一种红裙的染料,因此,红裙又被称为"茜裙"。如李群玉《黄陵庙》诗云:"黄陵庙前莎草春,黄陵女儿茜裙新。"李中《溪边吟》诗云:"茜裙二八采莲去,笑冲微雨上兰舟。"除红裙以外,唐代妇女也穿白裙,名"柳花裙";又穿碧绿色的裙子,名"翠裙""翡翠裙",等等。

胡装在贞观至开元年间成为唐代妇女的时尚着装。胡服的特征是翻领、窄袖和对襟,在衣服的领、袖、襟、缘等部位,一般多缀有一道宽阔的锦边。唐代妇女所着的胡服吸收了西域胡人装束及中亚、南亚异国服饰的特点,这与当时胡舞、胡乐、胡戏(杂技,也兼有歌舞等)、胡服的传入有关。胡舞流行后,其成了人们日常生活中的主要娱乐方式。唐玄宗酷爱胡舞、胡乐，杨贵妃、安禄山均为胡舞能手，白居易《长恨歌》中的霓裳羽衣曲为胡乐，霓裳羽衣舞为胡舞。由于对胡舞的崇尚，民间妇女以穿胡服、戴胡帽为美，于是形成了"女为胡妇学胡妆"的风气。史载，天宝初年，贵族与士庶都喜爱穿胡服（唐姚汝能《安禄山事迹》）。在陕西西安丰璪墓及乾县永泰公主墓出土的石刻、陶俑中，有很多穿胡服的妇女形象，通常穿着锦绣浑脱帽、翻领窄袖袍、条纹小口裤、透空软棉靴。有的少数民族服装传入中原后，亦深为仕女们所喜爱，如回鹘衣装。回鹘即现在维吾尔族的前身，开元年间一度强盛，曾助唐王朝平定安史叛乱。花蕊夫人的《宫词》中有"回鹘衣装回鹘马"之句，反映了当时妇女喜好回鹘衣装的情况。在甘肃安西榆林窟壁画上，至今还可以看到贵族妇女穿着回鹘衣装的形象。从图像上看，这种服装略似长袍，翻领，袖子窄小，衣身宽大，下长曳地，多用红色织锦制成，在领、袖等处都镶有宽阔的织锦花边。

　　唐代妇女还戴"幂"这种妆饰。"幂"本为缯帛制成的长巾，可将头、脸及全身掩盖，唐初宫女骑马外出时必用。到贞观中叶以后，随着对外交往的扩大，西域及邻国商人、留学生纷纷来唐，其富有异国情调的装束引起唐朝人浓厚的兴趣。一种阔边缘、周围垂有网纱的帷帽，成为妇人乘车远行时遮挡风尘的装饰，代替了原来繁复不便的幂。开元年间，宫人乘车骑马，均戴帷帽，天宝年间，妇女干脆连帷帽也不戴了，直接在外骑马飞奔。新疆吐鲁番阿斯塔那第206号墓出土的女骑俑中的骑马女子就戴着帷帽。今藏西安市文物管理委员会的一尊三彩釉陶驰马女俑，据推测为开元以后的作品，所塑女俑为一贵族少女，双手作持缰绳状，脱靴束于鞍上，头发中分绾成双

髻,正露髻纵马向前飞驰。

男装亦为唐朝女子所喜着。所谓女着男装,有的只是着男子主服,有的则全身仿效男子装束。《旧唐书·舆服志》载,有的女子穿丈夫的衣服、靴、衫,但对于尊卑、内外的遵从从未改变。女子着男装在开元天宝年间尤甚。五代马缟所著《中华古今注》记载,到了天宝年中,士人的妻子穿丈夫靴、衫、鞭帽,家里家外都一样。形象资料可见于唐人张萱的《虢国夫人游春图》等画。女子着男装,于秀美俏丽之中,又别具一种潇洒英俊的风度。陕西礼泉郑仁泰墓出土的女俑,浓眉朱唇,嘴边点有面靥。其中三人裹幞头、着袍衫。永泰公主墓前室东壁壁画中的十六位女子,有四位为男装打扮;左第五位手拿包袱的宫女,足蹬男靴,着圆领黑色长袍,系腰带,干练中露出女性英姿;左边第七位宫女,头戴皂纱软巾,身穿翻领袄子,着长裤,系腰带,配镜囊,足着舄,活脱一幅英俊小生打扮;右边第三位宫女,手举烛台,里穿红色襦衫,外着翻领男装,妩媚中隐含刚毅;右边第九位宫女,足蹬男鞋,着格条长裤,外罩男袍,正翘首望着前行同伴,神情欢愉,俏皮可爱。在雕塑作品中也

隋唐靴子

有这种男装打扮的女俑。如上海市博物馆藏的《调鸟俑》，是一位头裹软巾，身穿翻领胡服，足蹬小靴，外表颇似绮襦纨绔的富贵子弟。细审之，其容貌秀丽，头后蓄有长发，女性的特征明显。

相比而言，传统服装呈现了庄重、含蓄却略显呆板的古典美，唯有唐代妇女的服饰，开化特征明显，表现出妇女充满朝气、蓬勃向上的婀娜体态美，为中国封建社会妇女服饰所独有。随着理学的兴起，传统服饰走向了另一个发展层面。

宋 元 纷 繁

宋王朝的建立，结束了五代十国割据称雄的混乱局面，出现了一段承平时期，工商业得到了迅猛发展，市民阶层逐渐形成。但由于受到理学等因素的影响，社会舆论主张服饰不必过分华丽，而应崇尚简朴，尤其是妇女服饰"唯务洁净，不可异众"。各朝皇帝也曾三令五申，多次申饬服饰"务从简朴""不得奢僭"。因此，宋代衣冠服饰，总的说来显得比较拘谨和保守，式样变化不多，色彩也不如以前那样鲜艳，给人以质朴、洁净和自然之感。比起隋唐服饰的雍容开放，宋代服饰则多了点高雅的气息。

宋代服装分为三种：一种为"公服"，主要为皇后、贵妃以及各级命妇所用；一种为"礼服"，主要是平民百姓所用的吉凶服；一种为日常所用的常服。

宋建国之初，官服大部分沿袭隋唐五代遗制，没有太大的

变化。宋太祖建隆元年（960年），制衮龙衣、绛纱袍、通天冠。博士聂崇义上《三礼图》，奏请"仿虞周汉唐之旧"，重新制定服制，得到皇帝的批准，服饰制度始备。

北宋初年，因服饰没有定制，又受外来影响，曾出现过"毡笠""钩墩"（袜裤）的契丹服，因其形制简便，穿着适体，渐为汉族人民接受，士庶男女相习成风。妇女更以契丹族服饰作为常服。尽管多次遭到禁止，然而积习已深，未能尽革，直到北宋末年，仍有效仿"契丹衣装"者。宋太祖建隆三年（962年），规定宫内妇女不得采用绫缣五色华衣。仁宗、英宗、神宗、哲宗直至徽宗时期，官府多次改良服饰，而且更趋于奢华。对于这些规定民间庶民置若罔闻，绫缣锦绣任意穿着。

公服即常服，又名"从省服"，以曲领大袖、腰间束革带为主要形式，也有窄袖式样的公服。这种服式以用色区别等级，如八品、九品官用青色，六品、七品官用绿色，四品、五品官用朱色，一品到三品官用紫色。到宋元之际，用色稍有变化，一品到四品官用紫色，五品、六品官用绯色，七品到九品官用绿色。按当时的规定，穿紫色和绯色（朱色）衣者，都要配挂金银装饰的鱼袋，以此来区别职位的高低。一般低级官吏不可穿这种佩有金银鱼袋的公服，而只能穿黑白两种服色。

有宋一代，常服主要有以下几种：

襦、袄，为平民日常穿用的必备之服。襦是有袖头的，其长度一般至膝盖间，有夹、棉两种，都作为衬在里面的衣着。袄近于襦，通常于燕居时穿着，一般在春秋两季穿着夹袄，冬季则穿棉袄，富贵之家或用皮袄。介乎夹袄和棉袄之间，还有一种纳袄，以数层布帛缝纳而成，可御微寒。多用于武士及百姓，官员平常闲居也可着之。实际上，襦与袄没有多大差别，到后来襦也称袄。

袍，有两种类型，即宽袖广身袍和窄袖窄身袍，有官职者穿锦袍，无官职者穿布袍。

衫，为男子穿着的时尚服，有紫衫、凉衫、帽衫及襕衫等名目，士庶百姓用作常服，文武官吏则用作便服。

襕衫，属袍衫范围，故又称"襕袍"。这种袍衫以白细布为之。下长过膝，在衫下摆的膝盖部位，则加接一幅横襕。其形制初见唐代，流行于宋代。《宋史·舆服志五》记载，襕衫用白细布制成，圆领大袖，下有横襕作为裳，腰间有褶子，进士及国子生、州县生穿这种衣服。

短褐，指用粗布或织麻布做成的粗糙之衣，为一般贫苦的广大平民所穿着。因为是一种宽博之衣，故又为道家所垂青，当时的文人隐士亦着此装，遂为隐者之服。

道家服饰

"裳"沿袭上衣下裳的古制,是冕服、朝服或私居服的式样。宋时也有上衣下裳的穿法。男子也用对领镶黑边饰的长上衣配黄裳。燕居之时不束带,待客之时以大带束之。

直裰,是一种较为宽大的长衣,因背之中缝直通到下面,所以称之为直裰,多为隐士及僧寺行者穿着。

鹤氅,是一种用鹤毛与其他鸟毛合捻成绒织成的裘衣,宽大而修长,十分贵重,前后开衩,以便于骑马,多为道家高士穿用。

宋代命服制度承唐制,皇帝的妃、嫔及皇太子良娣以下为内命妇;公主及王妃以下为外命妇。宋代命妇随男子官服而厘分等级,各内外命妇有袆衣、褕翟、鞠衣、朱衣、钿钗礼衣和常服。皇后受册、朝谒景灵宫、参加朝会及遇及诸大事时穿袆衣;妃及皇太子受册、参加朝会时穿褕翟;皇后举行亲蚕仪式时穿鞠衣;命妇朝谒皇帝及垂辇时穿朱衣,宴见宾客时穿钗钿礼衣。内外命妇的常服均为真红大袖衣、红罗长裙、红霞帔、红罗褙子等。

妇女(包括贵族妇女)日常服饰大多为上身穿袄、襦、衫、背子、半臂、背心等,下身着裙、裤,这是最普通的装束。襦是唐代妇女的主要服饰之一,宋代因袭不改,但大多用于下层妇女,大多作为内衣,穿着时外面再加上其他服装。袄的形制与襦相类似,唯衣身较襦为长。女衫大多以轻薄的材料做成,颜色以素淡为主。半臂的袖子多长至肘间,有利于活动,多用于普通妇女及侍女奴婢。另有无袖之衣背子,只能裹覆胸前后背,俗谓背心。现代服装中有背心一物,即由此演变而来。背子起源于宋代,它的外形类似长袍,与袍不同的是,袖子细长,前后衣裙不加缝合,两侧的衣衩直开到腋下。其领为对襟直

领,将领口与衣襟依同一条较宽的镶边下去。一般上层社会
女子所穿背子较长,身份较低者所穿的背子较短。福建福州
宋代黄升墓出土了妇女背子实物。在山西晋祠圣母殿,有一
批塑造得极其精妙的宋代彩塑,其中的宫女大多都身穿背子,
有些人穿着背子,却不系带,衣襟敞开,显得十分潇洒。

半臂

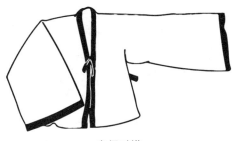

直领对襟

　　裙子是妇女的下装,由于在时间上离唐不远,所以还保存着不少晚唐五代的遗制。此时的裙子用料较多,一般用6幅布料,最多可达12幅,且多褶裥。福建福州黄升墓出土的一件女裙,6幅中除两侧2幅不打褶外,其余4幅每幅打15个褶,共缝出60多个折裥。宋代妇女乘驴出行时,穿一种叫作"旋裙"的服饰,前后开衩,以便乘骑。这种裙子最早是京城汴梁的妇妓穿起来的,逐渐被一般士人接受,开始仿制,成为流行时装。实际上,在中国古代社会中,妇女的时装式样,基本上都是从宫廷与妓院这两处首先创造出来的,然后才传入社会,影响世俗。此裙的纹饰,或作彩绘,或作染缬,或作销金刺绣,或缀珍珠为饰。色彩以郁金香根染的黄色为贵,红色则为歌舞伎所穿,以石榴裙最为鲜丽,多为诗人吟诵。青、绿色裙带多为老年妇女或农村妇女所穿。

　　宋代妇女比较讲究戴花冠与佩饰。花冠初见于唐,因采用绢花,所以可同时把桃、杏、荷、菊、梅合插一冠上,称为"一年景"。宋人周密《武林旧事》卷一《庆寿册宝》记正月元日祝寿册室,有诗戏曰:

　　　　春色何须羯鼓催,君王元日领春回。
　　　　牡丹芍药蔷薇朵,都向千官帽上开。

　　还有"白角长梳,侧面而入"等具有宋代服饰特色的发饰等。当时官宦贵妇服饰上常有当时应景的花纹。陆游在《老学庵笔记》卷二中记道,靖康初年,京师常备着织帛以及妇人的首饰衣服,应节的物品有春幡、灯球、竞渡、艾虎、云月之类。辛弃疾《青玉案·元夕》所言:"蛾儿雪柳黄金缕,笑语盈盈暗香去",在写景的同时描绘了宋时年节之日的应时饰品。宋代妇女还喜用一种盖头巾,方五尺左右,以皂罗制成,初为女子出门时遮面用,后以红色纱罗蒙面,作为成婚之日新娘必须穿戴的首服,这个习惯一直延续到近代。

劳动人民服式虽然多样,但大都是短衣、紧腿裤、缚鞋、褐布之类。宋人孟元老所著《东京梦华录》卷五《民俗》记载,士农工商各行百户的衣装,都有固定的颜色,人们不敢越外。例如香铺中的裹香人,穿着顶帽披背;质库的掌事,穿着皂衫角带不顶帽之类。街市上的行人,一看便能分辨出是什么身份。宋人张择端《清明上河图》中所描绘的约800位各行各业人士,使我们看到了这一时期的百姓服装,虽然不如唐代那样异彩纷呈,但也颇具特色。

元朝并没有形成自己完整的服饰制度。蒙古人进入中原之后还是保持了原有的生活习惯,但在与汉人的接触中服饰风格渐渐转变。《蒙鞑备录·风俗》一书有记载,上到帝王下到百姓都梳“婆焦”的发式。梳这种发式需要先将头顶处的头发修成两股相交,然后将后脑勺部分的头发剃去,额头处留一戳头发垂下,左右两侧分别梳一条辫子,左右两边对称,形如汉族儿童的二搭头。在元代,汉族官员所戴幞头类似于宋代的长脚幞头,平民百姓则扎头巾。蒙古男子常戴“瓦楞帽”,这是一种用藤篾制作而成的帽子,据明朝田艺蘅《留青日札》一书描述,官民都戴一种类似于古代战士所戴的帽子。“瓦楞帽”的帽檐为圆形,或者前圆后方,帽顶折叠起来很像瓦楞,因而得名。

元代达官贵人们都穿“质孙服”,皇帝用质孙服赏赐臣僚,以显示对于他们的关爱。质孙又叫“只孙”“直孙”或者“济逊”,汉语称为“一色衣”,即一色服。元朝周伯琦所著《诈马行序》记载:“佩服日一易,太官用羊二千噭,马三匹,他费称是,

名之曰'只孙宴'。只孙,华言一色衣也。"这里提到的"只孙宴"也叫"诈马宴",是一种蒙古族分食整牛和整羊的筵席。在这个筵席上大家都穿质孙服,相互炫耀自己华丽的衣服,并且一日一换。质孙服适用范围很广,无论是官员还是百姓都可以穿,依照不同级别质料也不尽相同,而每个级别的服装颜色和质料都相互统一,所戴帽子与衣服也保持一致。《元史·舆服志》记载,质孙,汉语称作一色服,内廷大宴时穿。冬夏两季的衣服不同,但没有固定的制式。凡是有功勋的皇亲国戚或者大臣近侍,都会被赏赐质孙服,下到乐工卫士,也都有这种衣服。虽然制作工艺有明显的不同,但总的来说都叫作质孙服。这种服装为上衣下裳制,上衣比较紧,下裳也很短,腰间有很多衣褶,这样设计也是为了上马战斗时更加轻便。天子

质孙服

穿的质孙冬服有11种，夏服有15种，如果穿金锦剪茸的衣服，帽子也必定为金锦暖帽；如果穿红色粉衣，帽子一定是红金答子暖帽。文武百官穿的冬服有9种，夏服有14种，都是通过颜色与质地进行区分。

"比甲"也是常服，是一种无领的对襟马甲，与马甲相比更为修长，能够达到臀部或者膝盖处。《元史·世祖后察必》记载，一种衣服前有裳无衣襟，后面比前面要长很多，没有领袖，缀以两组祥，叫作比甲，方便骑马射箭，当时的人们都互相仿效。比甲一般罩在长袖衫之外，下身穿裙，整体搭配起来更有层次感。比甲源自宋朝的无袖背心，后于明朝时期成为主流服饰之一。

"比肩"是一种比马褂长的皮衣，蒙古人称之为"襻子答忽"。《元史·舆服志》记载，穿银鼠的衣服，就要戴银鼠暖帽，还要加上银鼠比肩，俗称襻子答忽。比肩分为两种，一种称为"羊皮答忽"，这种比肩毛露在外面，对襟无领，在下摆处有开衩，是牧民在冬天的时候披在长袍外面的服饰；另一种比肩毛在里面，是一种有面有里的答忽，主要为贵族在冬天穿着。辫线袄是元代非常流行的服饰，它的衣袖非常窄，腰间有无数细折，用丝线扭成辫，缀于腰间，下身为带有竖褶的裙。辫线袄最初是给身份低微的仪卫穿着，到了明朝这种服饰渐渐被大臣及皇帝所喜爱。

《元史·舆服志》对百官的服饰均有较为详细的描述。公服的面料都是用丝织成，袖口宽大，为圆领，都是右衽。一品至五品官员皆穿紫袍，一品官员的衣服上绣有五寸大小的独科花图案；二品官员为三寸的小独科花；三品官员为二寸无枝叶的散答花；四品、五品官员为一寸五分的小杂花纹；六品、七

品官员穿绯袍,衣服上绣有一寸的小杂花纹;八品、九品官员穿绿袍,衣服上无花纹。官员戴幞头,用黑色的纱制成,与宋代的长脚幞头相似。上朝拿着的手板,上圆下方,用象牙或者银杏木制成。偏带用玉和黄金来装饰,鞋子用黑色皮革制作而成。

蒙古族女子流行戴一种"故故冠","故故"是蒙古族语,译为汉语,其中一个意思为妇女,也叫作"姑姑""罟罟""罟姑"等。所以"故故冠"即为蒙古语"妇女头饰"之意。元末叶子奇所著《草木子》记载,元朝后妃及大臣的正室,都带"姑姑"、穿大袍。这种冠上面为"Y"字形,下面为圆形,高约为63厘米。冠体骨架用桦木制成,用铁丝加以固定,四周用纸或者皮裱糊,用金箔珠花装饰并镶嵌各种珠宝。《长春真人西游记》记载,妇人用桦皮做成冠,高有二尺左右,往往用皂褐笼罩着,富人所戴的红绢末尾像鹅鸭,叫作姑姑,出入庐帐的时候须弯腰低头。"故故冠"为已婚贵族女子所戴,非常忌讳别人触摸,当时人们认为一旦故故冠被人碰过之后,就会给佩戴者带来厄运。女子戴着"故故冠"出入时都必须低下头弯着腰,姿态非常轻盈婀娜。但佩戴这种冠干活并不方便,所以平时普通妇女是不戴这种冠的。《蒙鞑备录》记载:"凡诸酋之妻,则有顾故冠,用铁丝结成,形如竹夫人,长三尺许,用红青锦绣或珠金饰之,其上又有杖一枝,用红青绒饰之。"在故故冠顶上会插一杆羽毛或者绒花,这样冠就会更高,在行走时头顶的绒花就会前后摆动,在女子坐车外出时,这种装饰无法进入车中,会被取下。"故故冠"在元朝灭亡时也随之销声匿迹。

蒙古族妇女用长袍作为礼服,袍式宽而长,被称为"团衫"或者"大衣"。其袖身宽大,袖口却很小,面料多用织金、绸缎或毛皮等。衣服的颜色多以金、黄、红、绿、紫为主。这种款式的大衣多为贵族妇女所穿，由于衣身过长，必须有侍女在一旁牵拉。此袍在肩膀处还有云肩，即披肩，用丝绸织锦制作而成，云肩一般由四个云纹图样组成，称为四合如意。汉族妇女保留了宋朝的习俗，穿襦裙与半臂的较多，有的受到蒙古族妇女服装的影响，也会穿单层或者夹棉的半袖袄。

明 清 变 革

明朝建立以后，急于恢复传统的汉族礼仪，其中便包括服饰礼仪。明王朝根据汉族传统习俗，上采周汉，下取唐宋，对服饰制度进行了全面调整。

明朝用30年时间厘定了新服制，曾经三次改动。洪武元年（1368年），学士陶安等人提议根据传统服制，首先制皇帝礼服。明太祖认为古代的五冕之礼过于繁琐，决定在祭天地、宗庙时采用衮冕。至于在祀社稷等一般性的祭祀场合，则用通天冠服。洪武三年（1370年），明代服制初步制定，主要有皇帝冕服、常服，后妃礼服，文武官员常朝之服及士庶阶层的巾服等。洪武二十六年（1393年），又将原定的冠服制度做了一次大规模的调整。新冠服制度颁布后，数百年间不曾有过大的变动，只是在服装颜色及服装禁例等方面，做了更具体的规定，如不许官民人等穿戴绣有蟒龙、飞鱼、斗牛图案的服装，不许用元色、黄色和紫色，不许私穿紫花罩甲等。万历后，禁令

松弛,鲜艳华丽之服,遍及黎庶。清人姚廷遴在《纪事编》中记道,现任官府都用云缎作为圆领,士大夫在家也经常穿云缎袍,公子们已经不穿绫绸纱罗,当今只要是有钱的人都穿着极其华美的云缎外套,随处可见。足见明朝末年士民在服饰穿着上都有了明显的变化。

明服

　　明代女装主要包括冠、衫、袄、霞帔、背子、比甲、裙等。明代官方对妇女的服装做了严格的限制,尤其是将贵族命妇与平民女子之间的界限确定得十分清楚。命妇着装分为礼服和常服两类。礼服在重大礼仪场合穿用,由凤冠霞帔、背子和大袖衫等组成。由于凤冠霞帔是命妇的标志,所以它成为封建社会中妇女渴求的一种物品。实在不行,也要在婚礼上戴一下仿制品。霞帔上的图纹可以区分品级：一品、二品命妇为蹙金绣云霞翟纹，三品、四品为金绣云霞孔雀纹，五品绣云霞鸳鸯纹，六品、七品绣云霞练鹊纹，八品、九品绣缠枝花纹。

明代恢复了汉族习俗，女裙形制仍然保留着唐宋时的特色。曾风靡于唐代的红裙，到了明代再度流行。明人冯梦龙所著《警世通言·白娘子永镇雷峰塔》中的白娘子，就作这种打扮："上着青织金衫儿，下穿大红纱裙。"宋代流行的百褶裙，到这个时候也没有偏废。至于裙子的长短、褶裥的多少，则随时而易。明初女裙喜欢浅淡，没有明显的纹饰。到了明末，则一改质朴、清淡风尚，追求其华丽的格调。像"凤尾裙""月华裙""百花裙"等，都十分考究、华丽，备受年轻妇女的喜爱。

"比甲"本为蒙古族服式，北方游牧民族女子常加以金绣，罩在衫袄之外。明代中叶穿着比甲成风，样式似背子但无袖，亦为对襟。明代女子单独穿裤者甚少，下裳主要为裙，裙内加膝裤。裙子式样讲求8至10幅料，甚或更多。后又时兴凤尾裙，在大小较为规则的条子上绣图案，另在两边镶金线，相连成裙。江南水乡妇女束于腰间的短裙，以及自后而围向前的裙，称为"合欢"。明代女子裙色尚浅淡，纹样不明显。

明代女装里还有一种典型服饰，即各色布拼接起来的"水田衣"。这种出自民间妇女手中的艺术佳品，至今仍可随处见到，也被称为"百家衣"。

《明会典》是明代官修的一部典章制度书，其中，记录贵族女装用料均为"各色纻丝绫罗纱随用"，而平民女服用料则受限制，即便是礼服，也限用紫色粗布，并且禁止用金绣，袍衫也只限用紫色、绿色和桃红色等浅淡的颜色，而禁止使用大红色、鸦青色和明黄色等浓烈的色彩。明洪武十四年（1381年）

还规定,商贾之家只能用绢布制装,农家可以用绌纱和绢布。

明代男装以方巾圆领为代表形式,儒生所着襕衫与当今舞台上京剧书生的服饰极为相似,其特点是宽袖、皂(黑)色缘边、青圆领、皂绦软巾垂带。脚夫和搬运工则着青布衫裤,上衣沿宽边,足着草制的鞡鞋。官服是云缎圆领袍,另有外加云缎外套的穿法。这种袍长离地一寸,袖长过手,袖椿(指袖身)宽一尺,袖口宽九寸,足着大红色履。

明代士庶男子的服装,也有不少新创,特别是对传统的袍衫作了改进,演变出道袍、曳撒和褶子等服装。道袍本为道士或僧人所穿,明代则广泛用于士庶男子,葛、麻、绫、罗皆可制作,单夹、绒、棉各唯其时。通常采用大襟交领,两袖宽博,下长过膝。曳撒也称"一撒",一般用苎丝纱罗为之,衣式采用大襟;两袖以宽博为主,肘间多呈弧形。衣身前后形制不一:后背部分做成整片;前身则分为两截——以腰际为界,腰上与后背无别,腰下部分则折有细裥,裥在两边,中留空隙。褶子也为袍衫之属,其式有圆领、交领之别,两袖宽大,下长盖膝;腰部以下折有襞积,状如裙裥,纱、罗、绢、布均可为之。

直裰也流行于此时期士庶男子中。直裰肇始于宋代,到明时其形制有所变异,通常用纱縠、绫罗、绸缎及苎麻织物制成,大襟交领,下长过膝。《儒林外史》第二十二回写道:"忽见楼梯上又走上两个戴方巾的秀才来:前面的一个穿一件蚕绸直裰,胸前油了一块,后面一个穿一件元色直裰,两个袖子破得晃晃荡荡的,走了上来。"这里说的正是这种服装。

明代男子的巾帽,形式丰富,种类繁多,其中以网巾、四方平定巾及六合一统帽最为广泛。

网巾是一种系束发髻的网罩,为了不使发髻散垂,明代男子便用特制网巾包裹发髻。这种网巾通常用黑色的丝绳、马尾或棕丝编织而成，也有用绢布做成者。明太祖朱元璋因悦"网巾，用于裹头，则万发俱齐"，遂下旨规定人无贵贱皆可用以裹头。网巾的造型如同渔网，网口用布帛作边，俗谓"边子"。边子旁缀有金属制成的小圈，圈内贯以绳带，绳带收紧，即可束发。在网巾的上口，也开有圆孔，并缀以绳带，使用时将发髻穿过圆孔，用绳带系拴，名曰"一统山河"。天启年间，形制变异，一般多省去上口的绳带，只束下口，名曰"懒收网"。

四方平定巾是明代职官、儒生所戴的一种便帽。以黑色纱罗制成，可以折叠，展开时四角皆方，也称"方巾"，或称"四角方巾"。戴着这种便帽，服装的穿着则比较随便，不像其他服饰规定得那么严格，因此为各阶层士民所喜爱。

六合一统帽即俗称的瓜皮帽，也称"小帽""圆帽"，以罗缎、马尾或人发做成，裁成六瓣，缝合一体，下缀一道帽檐。故以"六合一统"为名，寓意为天下归一。通常为市民百姓所用，官吏家居时也可戴之。

明代男子的巾帽，还有许多形制，常见的有唐巾、晋巾、汉巾、四带巾、骔巾、儒巾、万字巾、皂隶巾、老人巾、纯阳巾、凌云巾、山谷巾等。

清初统治者把是否接受满族服饰看成是否接受其统治的标志，强令汉民剃发易服，这对我国已形成的传统服制来说，是一次飞跃，是继"胡服骑射""开放唐装"之后的第三次明显的突变。清代服饰是满族入关后，强制推行的游牧民族服饰，因此保留了很多游牧民族的服式与装饰，以旗袍、马褂为代表。从整个服装发展的历史来看，清代服制在中国服饰史上是最为庞杂与繁缛的。

　　清代官服及一般男装主要包括龙袍、蟒袍、长袍、补服、马褂、行袍、马甲、衫、袍、裤、帽、靴等。

　　龙袍是一种绣有龙纹的袍服,它是皇权的象征。在清代官服中,龙袍只限于皇帝穿着,其形制为圆领、大襟右衽、箭袖,颜色以明黄为主,也可用金黄或杏黄等色。袍上绣有五爪金龙和五彩祥云,在祥云中间,还分布着"十二章"图纹。下裙边缘斜向排列着许多弯曲的兰、黑、红、黄相间的线条,称作"水脚"。水脚之上有翻滚的波浪,上立山石宝物,俗称"海水江涯"。皇子只穿龙褂。

　　一般官员以蟒袍为贵,蟒袍又谓"花衣",是官员及其命妇套在外褂之外的专用服装,并以蟒数及蟒之爪数区分等级,规定:一至三品,绣五爪九蟒;四至六品,绣四爪八蟒;七至九品,绣四爪五蟒。民间习惯将五爪龙形称为龙,将四爪龙形称为蟒,实际上大体形同,只在头部、鬣尾、身上的火焰等处略有差异。蟒服除蟒数以外,尚有颜色禁例,如皇太子用杏黄色,皇子用金黄色,而下属各王等不经赏赐是绝不能服黄的(华梅《服饰与中国文化》)。在皇帝生日的前三天到后四天,百官都穿蟒袍,谓之"花衣期"。

　　长袍的下摆有两开衩(古时称"缺裤")、四开衩和无开衩几种类型。道光年间《竹枝词》云:"珍珠袍长属官曹,开褉衣裳势最豪。"一般官员着四面开衩长袍,即衣前后中缝和左右两侧均有开衩的式样,平民则着左右两侧开衩或称"一裹圆"的不开衩长袍。

　　补服也叫"补褂",前后各缀有一块补子,形式比袍短又类似褂,但比褂要长,其袖端平,对襟,所以或称"外褂""外套",是清代官服中主要的一种,穿用场所和时间也多。能表示官职差别的补子,是两块绣有文禽和猛兽的纹饰,文官绣禽,武官绣兽。《大清会典图》规定:文官一品绣仙鹤,二品绣锦鸡,三品绣孔雀,四品绣云雁,五品绣白鹇,六品绣鹭鸶,七品绣溪鸟𫛭力鸟,八品绣鹌鹑,九品绣练雀;武官一品绣麒麟,二品绣狮子,三品绣豹,四品绣虎,五品绣熊,六品绣彪,七品、八品绣犀牛,九品绣海马。贝子以上的皇亲,补子皆用圆形,上绣龙蟒,制作补服的材料,按季节的不同,分别有单、夹、棉、皮等多种。唯不得用亮纱及羊皮,因亮纱嫌其露肤,羊皮则近似丧服,故而禁止使用,所用颜色以石青(也叫绀色,即黑中透红的颜色)为主。

马褂是指一种长不过腰、袖仅掩肘的短衣。褂是清代男装中最为盛行的服装,也是清朝男子四种制服之一。四种制服为礼服、常服、雨服和行服,马褂即行服。马褂自康熙年间进入富家后,军服也用此制。清人赵翼《陔馀丛考》卷三十三《马褂缺襟袍战裙》记载,只要是随从或者出使,都穿着短褂、缺襟袍以及战裙。短褂也叫作马褂,为骑在马上所穿的衣服。清代的上等褂为"黄马褂",这种褂属于皇帝的最高赏赐,只有皇帝巡幸时随舆扈从的侍卫和行围时射中目标者,或在治国、战事中建有功勋者,才可以享用。马褂用料,夏为绸缎,冬为毛皮。乾隆、嘉庆时,达官贵人为了炫耀其富贵,故意将马褂反穿露皮毛于外。至清末,还流行一种黑色的海虎绒马褂,着时衬以湖色春纱直行棉袍,这是当时缙绅阔佬的时髦服饰。马褂有对襟、大襟和琵琶襟等几种式样。马褂以衣襟区别使用范围:对襟马褂是礼服,右大襟镶黑边饰的马褂是常服,缺襟马褂即琵琶襟的马褂是行装。

马甲为无袖短衣,也称"背心""坎肩""半臂"(实是无臂),

男女均可服,清初时多穿于内,晚清时多穿在外面。其中,一种多钮襻的背心,类似古代裲裆,满人称为"巴图鲁坎肩",意为勇士服,后俗称"一字襟",也称"十三太保",官员也可作为礼服穿用。清代的马甲,无论在造型上还是在装饰上都有许多变化。单从衣襟来看就有大襟、对襟、曲襟(琵琶襟)及一字襟等多种,马甲上的装饰也繁复多样,有的施以彩绣,有的镶以花边,有的还用丝带盘成纽扣,形形色色,不一而足。

一字襟

　　清代服饰一般没有领子,穿礼服时需加一硬领,称为"领衣",一般春秋两季用湖色的缎,夏天用纱,冬季用皮毛或绒,有丧者用黑布。领衣是连接于硬领之下的前后两长片,有些像长长的牛舌,故俗称"牛舌头",考究的用锦缎或绣花,领衣之外则加外褂,如穿行装则穿着于袍的里面。

　　清朝男子已不着裙,而普遍穿裤。西北地区因天气寒冷,而外加套裤,江浙地区则有宽大的长裤和柔软的于膝下收口的灯笼裤。清人李静山在《增补都门杂咏》中说:

英勇盖世古来稀,那像如今套裤肥?

举鼎拔山何足论,居然粗腿有三围。

男子首服,夏季有凉帽,冬季有暖帽。职官首服上必须装冠顶,其料以红宝石、蓝宝石、珊瑚、青金石、水晶、素金、素银等区分等级。

清代汉族妇女的服装,大抵沿袭明代旧制,变化较男服为少。上衣以衫、袄和披风为主,衫、袄的形制一如从前,披风之制比较特别,多用于已婚女子。天笑《六十年来妆服志》云,妇女的礼服,最普遍的称作披风,也称红裙。披风相当于男子的外套,也是吉服……作对襟,长可到膝盖处,有两袖,极宽,用蓝缎,在上面绣上五彩或夹金线的花。未嫁的闺女不可以穿披风。

清服

妇女的下半身多穿裙子。清初的裙子,仍保存着明代遗俗,比较流行的作法是以绸缎裁剪成条状,每条绣以花卉纹样,两边以金线镶滚,走起路来,彩条飘舞,金线闪烁,颇似凤尾,称"凤尾裙"。随着时间的推移,裙子的样式也不断更新。如弹墨裙,通常以浅色绸缎为面料,制作前将布料展开,放上各种树叶、花瓣,然后用弹墨工艺在花、叶周围喷洒黑色染料,去掉树叶、花瓣之后,即显现出黑底白花。因造型生动,色彩素雅而深受广大妇女的青睐,尤其为士庶妇女所推崇。另外还有一种画裙,将大幅裙围折成数十道细褶,每褶分别用一种颜色,轻描淡绘,色彩娴雅,穿在身上色如月华,故名"月华裙"。到咸丰年间流行一种叫鱼鳞百褶裙,以数幅布帛拼合而成,折成细裥,折裥之间用丝线串联,交叉成网,展开后形似鲤鱼的鳞甲。清代《竹枝词》咏道:

> 凤凰如何久不闻,皮绵单袷费纷纭。
> 而今无论何时节,都着鱼鳞百褶裙。

满族妇女的服装,以袍服为主,由于实行八旗制度,凡编入旗籍者,都被称为"旗人"。旗人所穿之袍,叫作"旗袍"。清初整件旗袍以深黄色绸缎制成,上施彩绣,袍式为圆领、窄袖,衣襟右掩;两腋部分明显收缩,下摆宽大。清代中叶,旗袍的样式有所变化,除圆领外,又出现了狭窄的立领,袍袖也比清初宽大,下摆一般多垂至地面。清末的旗袍又有发展,特点为袍身宽敞,外形以直线为主,不用曲线。腋部的收缩也不明显,下摆的长度多盖住脚面,露鞋底于外,领子用元宝式,在领口、袖端及衣襟等处镶以宽阔的花边。

旗袍

　　到了清代后期，中国封建社会步入了一个重要历史阶段，社会转型与风尚也进入了一个重要的转折时期。就服饰习俗而言，也发生了重大演变与明显变化，主要体现在以下几个方面：一是对清代前期及传统服饰风俗进行改造和扬弃；二是满汉服饰文化风俗的相互影响、交流与补充；三是吸收、融合西方外来服饰文化风俗的有机成分，发展完善传统服饰风尚，使服饰文化风俗的改进与社会的文明进步相一致。

　　就总体态势而言，清代后期，皇帝、皇后的服饰风俗基本上承袭了前期的法制规仪内容，与前期相比变化不大，但文武官员以及平民百姓的服饰风俗礼仪，却发生了较大的变革。这种演变与变革以长江中下游及东南沿海等得风气之先的地区，以及作为近代政治、军事中心的京师（今北京）最为显著。

其中,最值得一提的是农民革命领袖洪秀全。他设计了太平天国革命军的服装式样与色彩,成为第一支拥有自己独特服装的农民起义军。太平天国鄙视清代衣冠,认为剃发垂辫是"强加给人民的奴隶标记",于是在开始起义时穿着传统服装打仗,而将清代官服"随地抛弃""往来践踏",并规定"纱帽雉翎一概不用""不用马蹄袖"等。在太平天国永安建制期间,初步拟定冠服制度,攻下武昌后,"舆马服饰即有分别",定都天京(今南京)以后,又做修改,并建立"绣锦营"和"典衣衙"。男子仍继承汉族传统,认为龙袍不可随意穿用。当时除天王可于袍上绣龙以外,其他高级官员须根据场合而定,低级官员则绝对不可着龙袍,但缀有龙纹的朝帽是大多数官员的首服。其他规定多来自《周礼》,以五行四神来确定背心图案、服装以及缘边的颜色。女子着圆领紧身阔下摆长袍,用一块红绸或绿绸扎于腰际,下摆开衩,不着裙子而直接着肥腿裤。袄、袍等边缘也是镶很宽的边饰。太平天国女子不缠足,以显示解放思想,平日里多着布鞋。

民 国 摩 登

1911年辛亥革命爆发,废除帝制,建立民国后,剪辫发,易服色,官民中西装革履与长衫马褂并行不悖,服饰风俗发生了较大的演变。

随着辛亥革命的爆发,2000多年的封建帝制也随之被推翻,在孙中山的带领下,一批志士仁人走上了革命救国的路途,1912年中华民国成立。中华民国成立之后,清朝大部分的服饰制度都被废除,随之而来的是西方文化的强烈冲击,这个时候的服饰较传统服饰改变很多,深受西方文化的影响。早在百日维新时,康有为就曾经上书《请禁妇女裹足折》《请断发易服改元折》。他认为妇女裹足不便于劳动,留着辫子穿着长袍更是无法与他国竞争,便请求妇女不再裹足,剪除辫子,改穿西服,改变年号。清朝政府对于这样的请求是不会答应的,日本学者佐藤公彦认为,断发、易服以及改元都将意味着对清朝200多年统治的全盘否定。直至中华民国成立,临时大总统孙中山颁布剪辫通令,电令全国:"令到之日,限二十日一律剪除净尽。"

中山装

　　民国元年,北洋政府颁布了《服制案》,这个时期的男子礼服分为大礼服与常礼服。大礼服也有昼夜之分,这两种款式都用丝织成,均为黑色。白天穿的大礼服下摆至膝盖处,对襟样式,袖长至手腕处,后裾开衩;夜晚穿的大礼服前身长至腹部,对襟,身后长至腘(guó)窝(膝盖后面,腿弯曲形成窝的地方)处,后裾开衩。所戴帽子形如西方燕尾服所配的帽子,为圆柱形,帽檐成椭圆,通体黑色。常礼服也分为日用与夜用,靴也同时有区别。女子礼服只有一种,上衣为对襟齐领,下身穿百褶裙。衣服与裙子的颜色质料都没有相应规定。

　　时至1929年,国民政府重新颁布了《服制条例》,对于礼服与公服都做了很详尽的规定。男子的礼服有如下规定:外褂为齐领对襟,衣长至腰腹,袖长至手腕处,左右两边以及后下方开衩,用丝麻或棉毛制成,颜色为黑色,衣襟处有5粒纽扣。袍为大襟右衽,衣长至脚踝以上约2寸,衣袖至手腕处,左右两边下端对称开衩,同样用丝麻棉毛织成,颜色为蓝色,配纽扣6粒。帽子分为两式,夏天的礼帽平顶硬胎,帽檐为椭圆形,颜色为白色。冬帽为"凹"字形的软胎,帽檐为椭圆形,颜色为黑色。鞋子用丝棉织就或者用皮革制成,颜色为黑色。

　　女子的礼服分为两种,第一种为旗袍,齐领右衽,袖长至小臂中间,下身至小腿中间。衣服用丝麻棉毛织成,颜色为蓝色,配纽扣6粒。鞋用丝棉织就或用皮革制成,颜色为黑色。另一种上衣过腰,下身着裙,裙长至脚踝,由丝麻棉毛织成,颜色为黑色。

　　男子公服为中山装,这种服装的款式由孙中山授意设计,由此而得名。这种服饰为立领,单排纽扣五粒。衣服上有三贴袋,袖长至手腕处,在冬天衣服为黑色,在夏天衣服为白色。

在辛亥革命之后此服又经修改,衣领由立领变为翻折领,由三贴袋变为四贴袋。女子公服与礼服中的旗袍同,只是颜色没有规定。

20世纪20年代,男子的便服为长袍马褂、西服或者中山装。长袍马褂在《服制条例》中已经作为礼服之一,人们只有在隆重的仪式或聚会上才穿马褂,而在日常生活中多穿长袍。这个时期的男子已经剪去辫子,在出行时会戴瓜皮小帽,下身穿中式长裤,裤腿用绸带扎紧,脚穿白色的袜子配黑色布鞋或者棉靴。一直到20世纪90年代,部分偏远地区的老人们还保持着这样的装束。

1912年,西装成为民国政府正式的礼服,在此后的几年时间里,西服渐渐展现出其独有的魅力,对传统的长袍马褂形成了强有力的冲击。大街小巷随处可见穿西装的人,这种现象的产生深受西方的影响,人们所向往的都是西方自由平等的理念以及全新的生活方式,所以在穿衣的选择上也紧跟时代潮流。西服的出现深刻地影响了中国人的服饰观念,使得中国人以全新的形象站在世界舞台上。

1923年,孙中山认为西服样式繁琐,穿着起来也不太方便,于是就想对西装进行改良。而在当时除了西服之外就只有旧式的长袍马褂,这种服饰与时代潮流更加背离,他便主张根据南洋华侨中非常流行的"企领文装"为基础,加以修改。孙中山将这个想法告诉了一位曾在越南河内开设"隆生洋服店"的黄隆生先生,这位黄先生参考了日本与西欧服饰的特点,并结合孙中山所提到的"企领文装",最终制作出第一套中山装。关于中山装诞生的另一种说法是,中山装由军服改变而来,这种说法称孙中山于1919年居住在上海,当时他将一件

已经穿过的军服拿到亨利服装店进行修改，希望作为一件便装使用，最终这种便装还是类似于军服，但又不同于当时的其他服装，店主便为其取名为"中山装"。早期的中山装与后来相比有很大不同，其后背下端有缝，后腰处有衣带，前襟钉了九个纽扣，经过不断的修改才最终定型。中山装的口袋与纽扣数也有特定的含义，上衣的四个口袋表示礼、义、廉、耻；衣襟处的五粒纽扣代表行政权、立法权、司法权、考试权以及检查权；左右袖口处的三粒纽扣分别代表三民主义（民族、民权、民生）与共和理念（平等、自由、博爱）。

民国时期，女性的生活方式发生了很大变化，尤其是在辛亥革命以后，女性独立解放运动的兴起，让妇女的思想观念从原有的传统守旧转变为独立开放。这一时期妇女的穿着打扮也渐渐时髦起来。废除裹脚是当时服饰变更一个重要的环节，这使得妇女在身体上得到了解放，与此同时，女子的服装也进行了多次改变，种类也趋于多样化。在民国初年，各地女子时兴穿袄裙，这是受到了日本服饰的影响。上半身着高领的衫袄，下身穿黑色长裙，无纹样。袄为大襟，袖为喇叭形露腕的七分袖，长至小臂中间，裙长至脚踝处，其后裙长逐渐过渡至腘窝处。袄裙的大小尺寸没有固定的要求，上衣可宽可松，下身的裙子也可长可短，各地学生多穿这种袄裙，不带发簪、耳环、手镯等饰物，因为这种衣服简洁素雅，也被称作为"文明新装"，以区别清代较为复杂的服饰装扮。1918年，知识分子们呼吁服饰简化，返璞归真，学生们又受到"女权主义运动"与"新文化运动"两种思潮的影响，掀起了一股穿"文明新装"的潮流。这种服装在留日学生与教会学校女学生中率先流行起来，后来连家庭妇女们都换成了这种朴素的装扮,因这种服饰渐渐成为女学生的标准装束,所以也叫作"文明学生装"。

袄裙

　　旗袍是一种满族的服装,在满语中叫作"衣介",原来是旗女所穿的长袍,但很多普通女子也都穿此服。传统的旗袍以直袖与马蹄袖为主,但无论袖口宽大与否都垂至手腕处,袖口、衣襟和衣摆都会用不同的质料滚边,袍身多为筒装。郑逸梅曾说:"原来女子在清代穿短衣,不穿旗袍,旗袍在民国后始御之。"20世纪20年代初,北京(当时为北平)与上海的设计师对传统的旗袍进行了改良,这时的旗袍已在满族与汉族之间流行。与传统旗袍不同的是,这种旗袍的袖口窄小,袍身逐渐紧收。一开始旗袍流行于上层社会与娱乐界,由于受到西方

服饰的影响,旗袍的下摆开始上升。到了 1929 年下摆已经升到膝盖处,腰身收得更紧,衣领变矮。这时的旗袍已经成为民国时期女性最重要的服饰,女子着旗袍,佩戴手镯、手表、项链和胸花,穿透明丝袜,脚穿高跟皮鞋,秀美的身姿尽显无遗。张爱玲在小说《更衣记》中描写道:"上层阶级的女人出门系裙,在家里只穿一条齐膝的短裤,丝袜也只到膝为止,裤与袜的交界处偶然也大胆地暴露了膝盖。"到了 20 世纪 40 年代,旗袍经过改良将袖子去除,两侧的衩口开至膝盖处,也有开得较高至胯下的。用来染制旗袍的染料多用"阴丹士林"。这种染料染制的颜色非常艳丽,无论日晒还是洗涤都不会褪色,在民国初期这种染料被广泛用来制作旗袍、学生服和长袍。从 20世纪 20 年代至 40 年代,旗袍流行了 20 多年,款式多有变化,它改变了中国女性长久以来束臂裹胸的传统风貌,让女性的曲线美充分显现出来,迎合了当时的服饰风尚。旗袍之所以吸引了当时很多的女性,除了其能展现女性的美丽外,更重要的一个原因在于"争女权、争平等"。张爱玲在小说《更衣记》中写道:"在中国,自古以来女人的代名词是'三绺梳头,两截穿衣'。一截穿衣与两截穿衣是很细微的区别,似乎没有什么不公平之处,可是 20 世纪 20 年代的女子很容易地就多了心。她们初受西方文化的熏陶,醉心于男女平权之说,可是四周的实际情形与理想相差太远了,羞愤之下,她们排斥女性化的一切,恨不得将女人的根性斩尽杀绝。因此初兴的旗袍是严冷方正的,具有清教徒的风格。"从这里我们可以看出在民国初期,旗袍并不像后来那样婀娜曼妙,能够勾勒女子身体的曲线,而是"严冷方正的"。

新 风 激 荡

　　新中国成立初期,很多地方还流行穿西服与旗袍,但很快人们的穿着打扮便和革命紧紧地联系在一起,此时的服装并非以审美的标准来制作,其政治属性更加突出。20世纪50年代以后,西服和旗袍不再是人们日常装扮时的主角,反而被视为"封建糟粕"及具有"资产阶级情调"遭到批判。此时干部装成为主流,披红挂绿的服饰风尚被社会所鄙夷。中国人不但在政治、经济、军事等方面模仿苏联的模式,就连日常生活中也深受"老大哥"的影响,列宁装就是在这个时候应运而生的。

　　列宁装出现于"文革"时期,以灰色、蓝色以及黑色为主。这种衣服的领子与西装的衣领相似,在衣襟处有两排扣子,斜纹布料,衣服两侧各有一个口袋,通常在腰间系一条腰带,它也有凸显女性身材的作用。列宁装在年轻人中非常流行,人们流传着这样一句话"做套列宁装,留着结婚穿"。也有很多人认为能穿上列宁装是一种荣耀。当时报纸上曾刊登了一些劳模的照片,比如中国第一个女拖拉机手梁君及第一个女火车司机田桂英,她们都穿着列宁装,英姿飒爽。这种服装本来是男装,在中国则演变为女装,之所以出现这种变化,有三点原因:一是为了与西装划清界限,这也是当时革命的需要;二是因为当时男装已经有了中山装,为了体现男女平等,女装也要由一个革命家的名字来命名;三是中国共产党领导的革命一直以苏联为榜样。由于这些原因,列宁装悄然演变为中国

女性的服饰。这种服装在当时非常流行，人们普遍认为穿列宁装意味着对革命工作热爱。

列宁装

除了列宁装以外，一种叫"布拉吉"的服装也非常受女孩的欢迎。"布拉吉"由俄语音译过来，意思为连衣裙。"布拉吉"原为苏联女子的日常服装，大约于20世纪50年代传至中国。此时在我国随处可见各种苏联画报，苏联电影也时常放映。在这些画报和电影中，穿着"布拉吉"的女子成为大众崇拜的对象。当时我国的一些学校完全依照苏联的管理模式，为学生制作夏、冬两套校服，其中女孩子的夏装为黑色连衣裙，上身穿背心，里面搭配白衬衣。有些学校女孩子的夏装是花裙子，上衣领子翻开，衣袖较短，为泡泡袖。冬装为呢子上衣，外罩大衣,也是苏联风格,老师也会穿统一的竹布蓝"布拉吉"。男性的衬衣也用苏联大花布制成,打破了以往男性服饰色彩单调的局面。

到了20世纪60年代,物资相对匮乏,商店里卖的衣服的款式与颜色都很单一,很多人都选择自己裁剪布料制作衣服,也有人改衬衣、改军服,很多孩子穿的衣服也都是改过的。男孩们都喜穿海军服,相比于陆军服与空军服,海军服最好看,很长一段时间内童装都争相模仿海军服。女童装一般由花布制成,偶尔也会在衣领处缝制小花以装饰。"文革"时期,流行一种军便服,这种服装是由军服改制而成,翻领,前襟分别有4个有带盖的口袋,颜色多以卡其色为主。军便服成了这一时期最时尚的服饰,人们还会扎棕色武装带,戴毛主席胸章,斜跨帆布包,红卫兵还会戴上袖章,脚穿解放鞋。很多知识分子也都穿上了军便服,商店也都开始出售绿色的军便服与裤子。1966年后,草帽和毛巾成了上山下乡的知青们的主要装饰品,这时佩戴毛主席像章已成为一种时尚流行开来,人人都以佩戴毛主席像章而感到光荣。

时至1976年年末,人们的服饰从"文革"时期的单调统一转变为绚丽多彩。此时一种叫作"的确良"的面料开始流行起来。"的确良"是从"decron"这个词音译过来的,广州人叫作"的确靓",北方人则称为"的确凉",后来人们发现穿着用这种面料制成的衣服并不是很凉快,遂又将其改名为"的确良"。这是涤纶的纺织物,有纯纺的,也有棉和毛混纺的,主要为女性所穿。起初这种面料色彩单一,都拿来制作衬衣,后来陆续上市了许多花型,人们就开始争相购买"的确良"。那时候人们不觉得全棉的质料比化纤好,化纤作为新型的质料刚走进国门时价格并不便宜,但与棉布相比,"的确良"平整顺滑,结实

耐磨。在计划经济时代，人们对于美的追求被压抑，随着改革开放，人们首先对衣服的颜色进行了变革，原来单调统一的绿军装渐渐远离人们的视线，印着鲜艳纹样的"的确良"质料衣服受到人们的追捧。实际上这种面料的衣服也有很多的缺点：因为是化纤质料，所以天热的时候穿在身上会觉得闷热，天凉的时候穿在身上觉得冰冷；化纤材质不吸水，出汗的时候衣服就会贴在身上，很不舒服，而且这种质料透明性很强，下雨的时候衣服就会紧贴在身上，像一层薄纱一样。虽然它有诸多缺点，但依然阻挡不住人们对它的狂热追求，当时每家每户都以拥有一两件"的确良"衣服而感到非常有面子。

20世纪80年代初，欧美等地的流行元素传入国内，中国人也追赶着世界潮流，人们的服饰开始有了崭新的变化。曾经凭票购买布料的历史一去不复返了。虽然人们大多还穿着手工赶制的衣服，但是面料的款式和颜色都有很多的选择。男士的服装以西装最为常见，在"文革"中，西装曾经一度被批判，几乎不复存在。1983年，当中国的领导人穿着西装站在记者面前时，人们欣喜地看到中国以全新的政治面貌迈入国际舞台。女子的服饰在这段时间也发生了很多改变，开始出现喇叭裤、健美裤和牛仔裤等。

喇叭裤最初由西方水手发明，因在船上工作水容易进入靴筒，故发明了这种造型的裤脚。后因喇叭裤在美国走红，迅速影响了日本与中国港台地区的影视界，当时的青年人从电影、电视中看到这种喇叭裤，竞相仿效。这其中影响最大的要数日本电视连续剧《血疑》，当时其在国内热播，在剧中追求大岛幸子的相良光夫成为了当时年轻人喜爱的偶像，他身穿喇叭裤的形象也深深地印在了人们的脑海中。喇叭裤最大的特点在于其裤脚宽大很像喇叭状，随着这种款式的裤子越来

流行,很多女性也开始穿拉链在前面的牛仔裤,因为这种裤子
将女子臀部与腿部的线条表现得非常明显,以至于许多保守
的人对此非常反感。

喇叭裤

牛仔裤是一种紧身的便裤,于20世纪70年代末传入中
国,此前已经在美国流行了20多年,这种裤子用劳动布制成,
具有耐脏、耐磨、贴身等特点。牛仔裤在胯部设有口袋,接缝
处有金属铆钉装饰,样式新颖,充满活力。牛仔裤与其他衣服
较易搭配,价格适中,也方便劳动生产,很快便得到广大人民
的青睐。

蝙蝠衫流行于20世纪80年代,其最大的特征在于袖口直
接连接至腰处,双手张开仿佛一只蝙蝠,这种袖身一体的服饰

领式多样,下摆做收紧处理。很多青年人为了赶时髦,都穿着蝙蝠衫跳舞,因为衣袖宽大,跳起舞来衣袖翩翩,与舞蹈的动作交相呼应。这种服饰流行期间,毛衣的款式也跟着发生了变化,原本毛衣穿在里面,经过修改后毛衣的袖子变大,所以能穿在外面。当时街头很多人都穿着蝙蝠衫式的毛衣,下身再配上健美裤,松紧结合,成为了当时一道靓丽的风景线。

同时期还流行一种健美裤,又称踩脚裤、踏踏裤,以黑色为主,与舞蹈裤类似,裤底有带子踩在脚跟处。这种紧身裤可以展现女子苗条的身材,任何年龄的女性都可以穿,一时间各地都掀起了穿健美裤的热潮,放眼望去满大街的人都清一色地穿着健美裤。到后来制作健美裤的材料渐渐多了起来,颜色也更加丰富,但裤型都没有变化。到了20世纪末,健美裤统一而单调的形式让个性需求突出的中国人很难得到满足,再加上外来新潮服饰的冲击,健美裤悄然消失在人们的视野中。

 魅力与影响

中国在世界上享有"衣冠大国"之美誉,不仅因为中国历史久远、地大物博,还因为中国的丝织品曾经通过"丝绸之路",远销世界各地。同时,中国非常重视与兄弟国家的友好往来,在向各国输送文明的同时,又带回了各个国家的特色文化与物品。中国富有特色的服饰文化,既是中华民族的独特创造,也得到了世界各民族服饰文化的滋养。中国服饰文化博大精深,丰富绚烂,与中外服饰交流是分不开的。

近代"西服东渐"

　　西装是一种"舶来文化",最早于1840年前后进入中国,那时还只有外国人与中国留学生穿着,到后来沿海各通商口岸的商人也渐渐穿上了西装。1879年,李顺昌在苏州创办了中国第一家西服制作店,在1918级东吴大学的毕业刊上出现了李顺昌服装店的广告语:"本号开设天赐庄二十余年,专制时式西衣、学校军服,料质优美,做工精良,工价克己,惠顾者请驾临敝号接洽可也。"民国之后,西装才真正流行起来,这时已经陆续出现了很多出售西装的公司,报纸杂志上也大量介绍西装,当时穿西装的人很多,如教师、学生、机关工作人员以及洋行工作人员等。20世纪20年代广州惠爱路有一家兼营西服的绸缎店叫作"九同章",在店内设有一张裁剪床、三部缝纫机,隔壁有一间6平方米大小的试衣间,四壁都挂满试衣镜。岭南大学附中(校址在今天的中山大学内)刚入学的新生必须备一套西装,校方认为"九同章"的信誉好,就将该校的校服以及乐队队服交给"九同章"制作。由此可见,在当时穿西服的风气已经慢慢传入校园,西服成为一种正式的礼服。

　　西服的样式随着时间的推移也发生了一些改变。在1850年之前,西服的样式比较随意,有的为直筒型,有的则为收腰型,口袋也可有可无。直到1890年西装的样式才基本定型,开始传向全球各地。1940年前后,男西装的样式为衣领偏大,肩部平整,胸部很饱满,腰部较宽松,下摆小,袖口与裤脚都很小,这样就把男子身体的线条勾勒出来了。女西装与之不同的地方在于,上衣的下摆较大。到了20世纪50年代,男西服还保持着原有的样式,女西装则有了很大的变化,窄小的腰身变得宽松,上衣的下摆变宽,衣袖变为连身袖。20世纪60年代后期,男女西服由原来的肩部平整改变成向外倾斜,腰身加宽,下摆变小。男西服的衣领较小,而女装的衣领变大。西裤流行紧脚裤,西服裙长至膝盖处。自1970年开始,男女西服又回归到20世纪40年代的样式,此后多有调整,但变化不大。

1840年,英国维多利亚女王身着一袭纯白色的婚礼服出现,惊艳了世人。随后这种纯白色锦缎制成的婚纱迅速走红,并于20世纪20年代传入中国。当时海外归来的先生小姐多数信奉了基督教,一般是男士身穿西装、女士着婚纱在教堂里举行婚礼。这时候的婚纱长度较短,也具有舞裙的功能,新娘可以在婚礼的舞会上一展风采。到了20世纪30年代,婚纱已经在大城市里流行起来。新娘身穿白色婚纱,双手捧着鲜花,头戴长五六米的白纱。新郎穿硬领的白衬衫,外罩一件白色的大礼服,打黑领结,戴白手套。这时的婚纱较为紧身,将新娘的线条美完全地衬托出来。20世纪40年代,在婚礼上穿婚纱已经形成一种社会风气,这时也诞生了只有新娘新郎合影的婚纱照。这个时期的婚纱领口为心形,新娘在穿婚纱的同时流行戴长袖的白色手套。20世纪50年代西装和婚纱淡出了人们的视野,直到20世纪70年代,人们才重新穿上了西服和婚纱,这时的婚纱充满了浓郁的怀旧情怀,下摆较长,遍布褶子,花边复杂别致,布料柔软。20世纪90年代之后,婚纱加入了时尚元素,上衣露出双臂双肩,裙子既可以是旗袍,也可

以是超短裙。

现代婚服

虽然婚礼上的服饰应该显得喜庆华丽,但在一些地方新人的衣服并不都是以红黄为主的靓丽色彩,侗族的婚服颜色就较为暗淡,男女服饰均以深紫色为主,男子穿对襟短衣或右衽无领上衣,戴头巾。女子上衣为无领大襟,俗称"腕襟衣",衣袖中部有装饰带将衣袖分为两节,自肩到肘这一段与衣服相连,为蓝色绸缎,肘到手腕处为织花布。腰间系有束带,下身穿百褶裙,裙长至膝盖下方,穿翘尖绣花鞋。婚礼当天,新娘会佩戴银钗、银冠。银冠呈圆柱形,上面镶有树叶与花的银饰物,冠底边缘挂有一圈罗缨。除此之外,新娘还佩戴有多层的银项圈、银手镯、腰坠和耳坠等,整副银饰物大约重3千克。

西方服饰对中国的影响

　　中国古代对于服饰的颜色、款式、质料以及穿戴方式都有着非常严格的禁忌。这些禁忌一方面将人分成三六九等，另一方面也宣扬着传统的伦理价值观。《礼记·王制》记载了这样一条法令：凡是制作靡靡之音、穿着奇装异服、表演怪诞之技或者用奇异的器物蛊惑民众的，杀之。《周易·系辞》中的"冶容诲淫"指女子装扮妖艳容易招惹奸淫之事。虽然古典服饰在穿用上有着很严格的禁忌，讲究衣着得体、庄重肃穆，但古典诗文中不乏对人体美的描写。例如乐府诗《孔雀东南飞》中有这样的描写：

> 著我绣芙裙，事事四五通。
> 足上蹑丝履，头上玳瑁光。
> 腰若流纨素，耳著明月珰。
> 指如削葱根，口如含朱丹。
> 纤纤作细步，精妙世无双。

　　生活中人们能够真切地感受到衣装凸显人体美感的还是旗袍。事实上，在封建礼教的氛围中，展现女子曲线美的服装是绝不允许穿的，旗袍亦如此。周锡保认为旗袍是从清朝旗女的袍服演变而来的，清朝初期的袍服还是直筒型、马蹄袖，到了中期改为宽大的衣袖。如此样式的袍服自然不是我们心

目中的"旗袍"。直到20世纪20年代清朝末代皇帝退位,清式旗袍才渐渐淡出人们的视野。民国时期,中国服饰没有统一的标准,西服、汉服的元素都在人们的着装中有所体现。传统的袍服演变为新式旗袍经历了几个阶段:20世纪20年代中叶,在新文化运动的影响下,有着"时尚之都"美誉的上海出现了长款的马甲,时尚前卫的女子将其罩在短袄外,已经与现代旗袍十分相似。在此之后,传统的袍服开始收紧腰线,下摆变短同时上提。女性穿着已能露出小腿,此时的旗袍不仅能凸显女性的身材,还能让女性自由地运动,可谓审美性与功能性完美结合。不过经传统袍服改良之后的旗袍依然是平面裁剪,随着西方服装的影响力不断扩大,旗袍工艺开始融入西方的立体裁剪工艺,使得旗袍与女性的身体更加服帖,这时的旗袍较为显著的特征是倒大袖,也被称为经典旗袍。进入20世纪30年代,旗袍的发展汲取了更多西装的制作工艺,加入了圆装袖、垫肩以及拉链,具有俊美、端庄的特质,被称为改良旗袍。1984年,上海上颌时装模特队第一次走出国门,穿着旗袍的众佳丽受到了外界一致好评,旗袍的地位在国内也日渐高涨,在一些较为隆重正式的场合,旗袍被作为首选服饰。2000年,电影《花样年华》的热映为现代旗袍打开了新纪元,京派、海派、广派旗袍在秉承各自传统的基础上做了些许改良,在迎合现代服饰审美的同时也保留了各自特色。

中国服饰与西方服饰所展现出来的美感完全不同,中国服饰讲究的是服饰的装饰美,是一种精神层面的艺术表达,而西方服饰是为了烘托人体的线条美,服饰与形体相结合展现出整体的美感。随着统御国人的封建礼教走下历史舞台,国人的审美观也发生了很大的改变,改良之后的旗袍和现代都市女性所穿的紧身衣裤很好地证明了这一点。男子服饰也深受西方的影响，最为明显的就是中山装。中山装在一定程度上受到外来服饰文化的影响，孙中山先生积极参与，并号召一部分制作者集体制作，是东西方文化相结合的结晶。民国时期，中山装分别有两种款式，早期的款式为立领，上下左右共有四个口袋，七粒纽扣。另一款在1924年定型，立翻领，四口袋，五粒纽扣，袖口处有三粒纽扣。下装左右两侧设暗袋，前开缝，暗扣，裤管口外翻。这些设计也成为中山装的特色之所在。此后，中山装也成为南京国民政府全体公务员统一制服。新中国成立后，中山装成为新时期的礼服，后经改造，将上装左右口袋的兜盖改为尖角垂下，两边垫肩微微上扬，领口改大。这种样式的中山装也称为"毛装"。由于中山装穿起来舒适挺括，一度成为当时非常流行的服饰，中山装也因此被设计成为多用途的款式，包括学生装、人民装、青年装、军装、干部装等。改革开放之后，大量西方服饰涌进国门，掀起了全民大换装运动，曾经一度火爆的中山装渐渐退出历史舞台。时至今日，传统的中山装依然无法进入主流服装的行列，只有结合当代时尚潮流，符合大众审美品位的中山装才有可能回归大众视野。

由于东西方文化的差异，在服饰的穿着方面有着不同的观念。中式服装用一整片布料裁剪缝制而成，而西式服装通过相互分割，立体地拼接而成。中式服装较为紧闭，少外露，而西式服装较为开放，肢体暴露在外的部分较多。随着经济全球化的发展，中西方的服饰文化相互交融，两者的差异性已经减少了很多。中国服饰也在不断地改进，既保持着传统服饰文化的精髓，同时也融入了西方服饰文化的时尚元素。

海上丝绸之路

    中国服饰之所以能够影响西方，主要缘于拥有并依托于向外输送文化的途径，也有一些外国商人及留学生自发地将中国的文明成果带回国。当瓷器、丝绸等物品进入西方人的眼帘时，中国一度成为世界各地向往追寻的黄金宝地。古时候的中国人通过"丝绸之路"以及"海上丝绸之路"将丝绸织品传递到世界的各个角落，精致的丝绸织品具有很好的保湿性与散热性，不仅穿着舒适，而且飘逸高贵。西方贵族阶层对丝绸织品爱不释手，甚至一度颁布法令禁止平民阶层使用，于是丝织品成为了"无价之宝"。早期的基督教对于丝织品非常排斥，但随着基督教的不断壮大，势力增强，教士们也随之富有起来，对于丝织品的看法也发生了彻底的转变，从教士身着的

中国服饰传入西方

法袍、饰品到教堂的织锦、挂毯等，都更换为丝织品，极度奢华。"东服西渐"不仅展示了中国辉煌璀璨的服饰文化，也让世界惊叹于中国精巧的丝织工艺。

"海上丝绸之路"这一名称的由来，最早见于法国汉学家沙畹的著作《西突厥史料》，他在文中提到相关内容："丝路有陆、海两道。北道出康居，南道为通印度诸港之海道。"但他并未明确指出"海上丝绸之路"这一名称。1956年，法国资深的印度学家和梵文学家让·菲利奥轧（Jean Filliozat）最先提出"海上丝绸之路"这一说法。海上丝绸之路并不是具体的指某一条航线，而是对古代中国海上丝绸航线的泛称。具体而言分为两部分，第一条航线为东海航线，也称为"东方海上丝路"，以宁波、泉州、广州等地为起点，搭建了通往辽东半岛、朝鲜半岛、日本列岛直到东南亚的黄金之路。据记载，东海航线的开辟始于西周建立之初。相传武王在陵川寻到了商末贵族箕子的踪迹，便恳求箕子教授治理国家的道理，于是箕子将夏禹的"洪范九畴"授予他。武王非常钦佩，遂请箕子出山，奈何箕子不从。待武王离去，箕子率领弟子向东远行，便到了今天的朝鲜。自此之后，中国的养蚕、缫丝技术陆续传到了朝鲜地区。公元前221年，秦始皇统一六国，各地的百姓流离失所，慌不择路，为了逃避严苛的苦役，纷纷携带蚕种出海寻找生路，这当中很大一部分人便来到了朝鲜，加速了丝织业在朝鲜的发展。到了西汉时期，中国的罗织物与丝织物提花技术、刻板印花技术等相继传入日本。东晋时期，中国对外输出的商品有丝、绢、锦等。此时国外输入的商品有香料、琉璃、火布、棉布等。火布即火浣布，为使用石棉纤维织成的布，这种布料不具有可燃性，所以可以放在火里以去除污垢，因此而得名。隋朝时

期,中国与日本之间的贸易日渐频繁,《隋书·东夷传》记载,皇上派遣文林郎斐清出使倭国,倭王派遣小德阿辈台带领数百人设仪仗,击鼓吹角相迎。随后,倭王又派遣大礼哥多毗带领随从,到100千米之外的郊外迎接并慰问斐清一行,随后带领他们觐见倭王,倭王见到斐清非常高兴。隋炀帝时期,中国也与东南亚地区频繁地进行贸易往来,在输出的货物中主要以服装面料或衣服成品为主。这一时期,日本使节往来频繁,他们将中国的青色绫带回国作为样板,并制作出锦、绫及绞缬(jiǎo xié)制品等。日本和服的染色工艺结鹿子便属于绞缬制作工艺中的一种。唐宋年间,江南地区生产的丝绸已经名扬海外,深受世界各地的喜爱。日本的佐藤真在《杭州之丝织业》中这样写道:"在日本机织业未发达之前,所称的吴国的服地,就是由杭州输入的丝织物。现今日本还有吴服店的名称,其起源就在于此。"唐朝"安史之乱"以后,陆上丝绸之路已不通畅,这就使得海上丝绸之路兴盛起来,这些流向日本的丝绸织品很多藏于今奈良市的正仓院,例如:狩猎纹锦、狮子唐草奏乐纹锦、鹿唐草纹锦、莲花纹锦等,这些在中国已经很难见到了。宋代赵汝适在《诸番志》中记载,南洋各国与宋朝的商贸往来十分频繁,细兰国(今天的斯里兰卡)的商人用檀香、丁香、金、银、瓷器、马、象、丝帛等为货物,而南毗国(今天印度西南部地区)的商人用荷池、缬绢、瓷器、樟脑、大黄、黄连、丁香、脑子、檀香、豆蔻、沉香为货物。这些商人就是用这些物品进行贸易往来,而中国输出的货物主要是丝绸。元朝在泉州、上海、杭州、宁波、温州、广东等地设置了市舶司,输出的货物以绢缎为主,也有瓷器等物。明朝初年,朱元璋派吴用、顾宗鲁、杨载分别前往安南(今越南)、爪哇、日本等地沟通交流,并表明了希望进行贸易往来的意图。占城(中南半岛上一个古代王国)的先遣使来明,朱元璋赏赐了绮、罗、纱、缎等物,此后贸易往来逐渐加强。明成祖朱棣派遣使者到安南、暹罗、爪哇、琉球、吕宋等地交流访问,希望他们前来贸易。郑和下西洋时都带着锦、绢、绫等物品。顺治十二年(1655年),清政府为了打击沿海民众反清复明的势力首次实施海禁,后又因国内外的强烈反对而陆续开放,日本在这一时期大量进口中国的丝绸织品。乾隆年间官方允许中日贸易往来,此时日本更是积极引进中国的桑蚕养殖和丝织技术,并于1868年前后正式明确了振兴丝织业的基本国策。

第二条海上贸易航线为南海航线,从中国出发,经中南半岛及南海诸国,横穿印度洋抵达红海,再转向东非和欧洲,途径一百多个国家,成为中外海上贸易的重要通道,推动了文化交流,并促进了沿海各国的共同发展。通过对广州南越王墓出土的铜钺、铜鼓以及陶器研究可知,先秦时期岭南地区的海上贸易活动较为频繁,主要对外输出品有漆器、丝织品、陶器、青铜器等。这也可以被看作是后来南海航线形成的基础。随着汉朝疆域扩大,出现了比较重要的商业城市,例如合浦、番禺、龙编、广信等。政府加强了对这些沿海城市的管理,同时也修治了岭南通往各地的陆路、水路交通通道。三国时期,东吴地区海上贸易往来较为频繁,贸易对象不仅涉及东南亚各国,且经过印度抵达大秦(古代中国对罗马帝国及近东地区称呼)。此时东吴地区的对外输出品主要为丝绸,而输入品则琳琅满目,种类繁多。唐宋时期,南海贸易往来加强,江淮一带成为全国最为重要的丝绸产区,加上区位优势与造船业进步,海上贸易空前兴盛。在当时,贸易方式分为两大类,一类是

"朝贡贸易",外国商人或使节呈献各自国家的特色产物,中国则赐以丝绸等贵重物品作为回礼。另一类是"船舶贸易",也就是中国与海外各国之间开展贸易。明朝时期,受到国内外需求的影响,江南地区丝绸工业发展迅猛。以苏州地区的盛泽镇为例,明初这里还是个寻常乡村,到了明末它已成为锦绣之地。冯梦龙在《醒世恒言》中记载,盛泽乡的丝绸牙行大约有100余家,纺织的声音响彻夜空,通宵不断。明成祖时期,郑和率船队七下西洋,经琉球、菲律宾、马鲁古海到莫桑比克海峡和南非沿岸各地。每次出海都备有大量的丝织品,其中包括丝、绢、缎、丝绵等。郑和赴远洋航行的成功,也标志着"海上丝绸之路"达到了最为辉煌的时期。随着清朝实行封关禁海政策,南海航线受到了极大影响,广州成为对外贸易的唯一大港,其较唐、宋时期有了更大规模的发展。然而鸦片战争之后,中国海上贸易的主权逐渐丧失,从此一蹶不振,一度处于停滞状态。

进入新时代,中国着眼于加强与东盟十国的战略伙伴关系,于2013年提出建立"21世纪海上丝绸之路"的战略构想。自古东南亚地区就与中国贸易往来频繁,也是中国海外贸易的重要枢纽,重启海上丝绸之路有助于深化改革,进一步扩大中西方文化的交流与发展。

影响世界时装的"中国风"

先秦时期,秦国就开始用丝绸来交换战马。德国的考古学家乔格·彼尔在斯图加特西北处距今2500多年的一座坟墓里,发现了墓主人身上穿着的鲜艳的中国丝绸。苏联鲁金科博士在《论中国与阿尔泰部落的古代关系》一文中写道,在南西伯利亚巴泽雷克畜牧部落(公元前5世纪)首领的墓葬中,发现了精美绝伦的中国刺绣丝绸鞍褥面。在丝绸之路开放以前,只有极少数的贵族妇女才可以穿上由中国丝绸制作而成的衣物,并且相互炫耀。公元前1世纪,凯撒大帝在看戏时身穿中国的丝袍,人们纷纷议论指责他的穿着过于华丽。虽然罗马帝国的提庇留大帝曾经禁止人们穿用中国的丝绸织品,但贵族们完全没有理会这道禁令,纷纷用丝绸制作漂亮的衣服,这在当时已经成为了一种时尚。

随着汉代张骞出使西域,东西方丝绸贸易的通道被打通。柔软丝滑的绸缎被输送到西域、中亚细亚以及欧洲各国。当时的运输道路非常难走,运输比较困难,丝绸的价格自然非常昂贵。西方人对于丝绸爱不释手,视为极其贵重的奢侈品,当时运到君士坦丁堡的丝绸价格高得离谱,许多人都对这个神秘的东方国度有着美好的憧憬,认为中国是一个非常富庶的国家。各国的元首以及权贵们都穿着用中国丝绸制成的衣服,以此来显示尊贵。汉代政府禁止将蚕与桑树西传,这就使

得许多人想得到它们，其中也引出了一些有趣的故事。相传在地中海沿岸，东罗马帝国与波斯人互相拼杀，罗马帝国之中有两座城市主要负责加工中国的蚕丝，而蚕丝是向波斯商人购买而来的，这就让查士丁尼国王大为苦恼。有一天，僧侣向国王建议，为了避免波斯商人的刁难，可以派遣使者将中国的蚕子与桑苗带回来。国王听了僧侣的建议，派遣使者前往中国江浙一带学习养蚕和缫丝。学成之后，使者们带着蚕子与桑苗乘船回国，自此养蚕缫丝的技术便流入了东罗马帝国。唐朝时期，中国的丝织品传到了日本，深受当地人的喜爱，他们称之为"唐绫"。到了公元7世纪，日本开始模仿和学习织造"唐绫"，这种技术被称为"博多织"，迅速在博多港流传开来，这也为日后日本纺织工艺的崛起奠定了基础。

虽然丝绸织品被世界各国奉为至宝，但传统的中国服饰在很长一段时间内并不被西方世界所接受，其原因可以从两个方面来剖析：

从剪裁与工艺来看，传统的中国服饰讲究平面裁剪，通过测量人体各部位的尺寸，设计平面制图，也称为"短寸法"制图。这种方式较为注重服饰的平面效果，装饰工艺分为：镶（镶边）、嵌（嵌线）、滚（滚边）、宕（宕条）、盘（盘扣）、绣（刺绣）、绘（绘画）、钉（钉珠）。这些制作工艺使得服装造型简练大方，色彩丰富。相比之下，西方服装讲究立体裁剪，重在表现服装的立体效果和空间效果。主要通过花边、丝带、褶裥、切口等方式点缀在服装表面。从11世纪的罗马风到15世纪的哥特风，花边等立体表现元素少量地运用到服装款式中。到了文艺复兴时期，意大利风成为欧洲服饰的主流风格，这一时期男女都戴上拉夫领（Ruff），女士都以法勤盖尔（Farthingale）搭配紧身衣的穿着方式为主。与以往相比,此时的西方服饰已经非常注重空间立体感的表达。18世纪的欧洲流行洛可可风格的服饰,一些礼服上已经开始运用立体的花卉等表现元素。中西方服饰的裁剪和装饰有很大的区别,这也展现出不同地域文化在内涵上所具有的差异性。

从质料和纹样来看,中国服装从最早的葛布、苎麻布、大麻布到后来世界各地都争相抢购的丝绸织品,无一不展露出中国先民的智慧以及对世界服装所作出的贡献。从元朝开始,棉布已经开始大规模生产,成为人们衣着的主要布料。中国服装对配色十分讲究,夏、商、周时期崇尚黑色,后来则视黄色为正色,被帝王专用,象征着至高无上的皇权。民间服装偏爱蓝色,搭配黄色的肤色显得尤为协调柔美。中式服装的纹样多以飞禽走兽、吉祥花卉、几何造型等为主,不仅反映出民众对美好生活的憧憬,也体现出中国人民稳重、含蓄、内敛的民族性格。随着时代的发展,西方服饰的面料从古罗马时期的半毛织物和亚麻布,发展到中世纪流行的丝绸、天鹅绒、珍贵毛料、裘皮等,将西方服装推向了极度奢华的程度。文艺复兴时期,这种奢华又再度升级,丝绸与天鹅绒之间镶满了金银丝线,炫目至极。西欧服装的纹样多种多样,不同时代主题和风格都有明显的区别,总的来说多以花卉纹样为主,有旋涡型的藤草以及柔美华丽的庭院花草等。到了近代,星系、宇宙、欧普图案等纹样也流行开来。

综上所述,中国服装不仅反映出华夏民族的审美心态,也映射出平淡、中庸的儒家文化观。就服装而言,恢弘壮丽的礼服是至高无上的皇权的象征,而在女性服装的严密包裹之下,展现出中国传统文化对于"性"的漠视以及对身体欲望的消

解。西方文化则崇尚人的躯体之美：在古代以露颈、露肩、露背、半胸来表现女性的气质，以束腰、垫臀来凸显女性身体的曲线美，到了现代，更加简约的衣衫裤裙成为国际服装的时尚标杆。

风云变幻，时过境迁。进入20世纪的中国敞开国门，积极主动地融入世界时装界，两种文化碰撞与交融，产生出耀眼的光芒，改变了世界时装界原有格局。1978年，国际时装大师皮尔·卡丹应邀来到中国，将"时尚"与"时装模特儿"的概念引入中国，并在中国成功举办了两场国际时装秀。同时期，法国设计师伊夫·圣·罗兰（Yves Saint Laurent）在中国国家美术馆举办了国际时装展，日本设计师小筱顺子（Junko Koshino）也在北京饭店举办了她在中国的首场服装秀。进入21世纪，中国的一些知名演员也多次参加国际性时装展示活动。此外，王汁、李筱、张卉山等中国服装设计师也开始跻身国际时尚界，使得国际时尚大餐中加入了别具一格的中国味道。

2004年，伊夫圣罗兰的设计师Tom Ford在"Rive Gauche"秋冬系列时装展上以中国元素为核心演绎了令人心醉神往的华丽幻境。这也是西方设计师探索中国服饰文化的起点，自此之后，国际服装设计师对中国服饰元素产生了浓厚的兴趣。Dior的服装设计师John Galliano在一场服装秀中给模特穿上刺有龙纹图案的长袍，恢弘大气。此外，Dior的设计师们还创造性地将水墨画绘制在连衣裙上，倍显清丽。不仅法国人开始品尝中国风味的服装盛宴，意大利人也不甘缺席。例如著名设计师罗伯特·卡沃利（Roberto Cavalli）曾经设计了具有浓厚中国风情的秋冬款时装。与以往设计所不同的是，他舍弃了欧洲流行的"高透明"风格，采用了含蓄的中国风，连衣裙有着旗袍式的高开衩,并附有中国龙样式的刺绣,更绝妙的是,他将青花瓷的纹样与西方的晚装设计相结合,束胸加紧身鱼尾裙的式样也让模特宛如青花瓷瓶,突显出设计师对于中国元素的迷恋和尊敬。在巴黎与米兰时尚潮流的带动下,世界各地的设计师纷纷来到中国学习和采风,中国服饰元素正在世界时装界绽放光彩。

近年来,"唐装"代表着中国文化在世界范围内流行起来。"唐装"并不是指唐朝的服饰,原为留居海外的中国人所穿,加上很多国家都设有"唐人街","唐装"便因此而得名。"唐装"是通过改良清朝的马褂而得来的,为对襟立领,中间开口。衣袖都是连袖的样式,袖子与衣服整体没有接缝。扣子都是由纽

唐装

结与纽袢组合而成的,为盘扣。唐朝是中国历史上最为繁荣强盛的朝代之一,用"唐"作为这种衣服的名称实至名归。

2001年,在亚太经合组织第九次领导人非正式会议上,各国领导人都穿上了中国的唐装。这时的唐装已经有了改变,将传统与现代相结合,在质料以及款式方面既保留了原有的传统,也添加了时尚的元素,成为了一种新型的中式服装,同时它也有了一个新的名称,叫作"新唐装"。男子所穿外套为对襟立领,领口处镶不同颜色的滚边,双肩内装有垫肩,左右下摆处开衩,前衣两片不收省("省"即把多余的量裁剪掉)、不打褶,开襟处钉七粒葡萄纽扣。女子所穿外套不同的地方在于腰部收省,胸部打褶,背部两片收腰省。"新唐装"与传统的"唐装"相比更加挺括,更加贴合身型,与国际时尚潮流接轨。"新唐装"剪裁方式新颖、独特,包含了深厚的传统文化底蕴,独具魅力,向世界诠释了中式服饰的新风尚。

参考文献

[1] 朱和平.中国服饰史稿[M].郑州:中州古籍出版社,2001.

[2] 乔治·亨利·梅森,哈迪·乔伊特.遗失在西方的中国史:中国服饰与习俗图鉴[M].吴志远,译.长春:吉林出版集团有限责任公司,2016.

[3] 华梅.服饰与中国文化[M].北京:人民出版社,2001.

[4] 庄华峰.中国社会生活史[M].2版.合肥:中国科学技术大学出版社,2014.

[5] 孙机.华夏衣冠:中国古代服饰文化[M].上海:上海古籍出版社,2016.

[6] 严勇,房宏俊,殷安妮.清宫服饰图典[M].北京:紫禁城出版社,2010.

[7] 沈从文.中国古代服饰研究[M].上海:上海书店出版社,2005.

[8] 沈从文.中国服饰史[M].临汾:山西师范大学出版社,2010.

[9] 张志云.明代服饰文化研究[M].武汉:湖北人民出版社,2009.

[10] 陈美怡.时裳:图说中国百年服饰历史[M].北京:中国青年出版社,2013.

[11] 周汛,高春明.中国古代服饰大观[M].重庆:重庆出版社,1994.

[12] 周锡保.中国古代服饰史[M].北京:中央编译出版社,2011.

[13] 孟晖.中原女子服饰史稿:历代女子服饰史稿[M].北京:作家出版社,1995.

服饰风尚——多彩的皮肤

[14]　赵连赏.中国古代服饰图典[M].昆明:云南人民出版社,2007.

[15]　赵超.云想衣裳:中国服饰的考古文物研究[M].成都:四川人民出版社,2004.

[16]　袁杰英.中国历代服饰史[M].北京:高等教育出版社,1994.

[17]　高格.细说中国服饰[M].北京:光明日报出版社,2015.

[18]　黄能馥.服饰中华[M].北京:清华大学出版社,2011.

[19]　崔荣荣,张竞琼,盛海明,等.近代汉族民间服饰全集[M].北京:中国轻工业出版社,2009.

[20]　傅伯星.大宋衣冠:图说宋人服饰[M].上海:上海古籍出版社,2016.

[21]　曾慧洁.中国历代服饰图典[M].南京:江苏美术出版社,2002.

[22]　臧迎春.中国服饰[M].北京:五洲传播出版社,2004.

后记

　　服饰作为人类文明发展的见证者与亲历者,其历史意义是非凡的。于社会生活中的个人而言,其身份气质与服饰之间的关系极为密切;于社会而言,服饰的形制与构成同习俗礼仪、年节活动、文艺作品等文化现象不无关联;于国家而言,服饰又成为对外文化交流最为直观的外在表达。可以说,服饰文化的演变与发展,既是其本体的内在需求,也是历史的外在选择。一方面,不同时期的文化构成有很大区别,为了适应各时期、各地域间的多重文化形态,许多古老的服饰原型不断地寻求改变,以谋求生存的空间。另一方面,传承千年的中华文化,也需要对各式各样、品类丰富的服饰元素进行装点与描绘。不同形制的服装款式正是各个历史时期的文化标志。基于上述两方面的原因,中华服饰的体系与脉络才能够如此森罗万象、绮丽辉煌。

　　本书围绕服饰这一命题展开,从本体性、功能性、象征性、时代性以及影响性五个维度进行分析与诠释。具体而言,构成与形制属于服饰本体层面的探讨;服饰与礼仪、服饰与年节属于服饰功能层面的探讨;服饰与禁忌、服饰与身份、服饰与文艺属于服饰象征层面的探讨;服饰与变迁、魅力与影响分属服饰时代性与影响性层面的探讨。然而,本书撰写的目的并不仅仅在于对中国服饰的介绍与解读。近年来,随着大众对于传统文化的重视,越来越多的读者对于中华文化有了更深

层次的追求。亘古通今，传统服饰的形制与构成对当今服饰的设计、发展有着一定的借鉴意义，对大众了解与领悟传统文化的内在精神有一定的启迪作用。此外，随着各文化产业从注重形式包装转向对内容的精耕细作，愈发离不开中华文化的熏染。由此引发了普通大众对传统服饰文化的认同，并深刻地影响了当今流行服饰文化的发展趋势。在此背景之下，本书力图将中国服饰的基本样貌以及文化内涵呈现出来，以飨读者。

最后，特别感谢江苏省新闻出版学校的吕鹏老师，她在本书撰写的过程中提出了宝贵的意见与建议，亦为本书编写资料的整理与搜集付出了许多精力。

囿于笔者学识，书中存在不足之处在所难免，真诚希望广大读者批评指正，以便日后修订时使本书臻于完善。

庄 唯

2019年10月